智元微库
OPEN MIND

成 长 也 是 一 种 美 好

黄玉玲

著

做安稳强大的自己

不再讨好

人民邮电出版社

北京

图书在版编目（CIP）数据

不再讨好：做安稳强大的自己 / 黄玉玲著. -- 北京：人民邮电出版社，2023.3（2023.5重印）
ISBN 978-7-115-59483-9

Ⅰ．①不… Ⅱ．①黄… Ⅲ．①人格心理学－通俗读物 Ⅳ．①B848-49

中国版本图书馆CIP数据核字(2022)第104697号

◆ 著　黄玉玲
责任编辑　王铎霖
责任印制　周昇亮

◆ 人民邮电出版社出版发行　　北京市丰台区成寿寺路11号
邮编 100164　电子邮件 315@ptpress.com.cn
网址 https://www.ptpress.com.cn
天津千鹤文化传播有限公司印刷

◆ 开本：880×1230　1/32

印张：8　　　　　　　　　　　2023 年 3 月第 1 版

字数：200 千字　　　　　　　2023 年 5 月天津第 3 次印刷

定　价：59.80 元

读者服务热线：（010）81055522　印装质量热线：（010）81055316
反盗版热线：（010）81055315
广告经营许可证：京东市监广登字 20170147号

推荐序一

讨好而讨不了好：我们生活于其中的困境

吴和鸣

拜读了黄玉玲女士的新作，很高兴，书名很好——《不再讨好：做安稳强大的自己》。

先说"讨好"，查"百度汉语"，讨好有两个义项：一是想法取得别人的欢心和称赞；二是得到好的效果（多用于否定），如"吃力不讨好"。近义词有"谄媚""取悦"等。两个意思合起来就是本书说的"讨好"。讨好，是主动让人从自己这里"讨"得一个好过去，从而让自己讨得一个"好"回来。本书用丰富的例证说明了讨好的心理过程，包括讨好的动机、认知与行为模式，以及相关的情感体验。

再说"安稳"，讨好的主要表现或结果是不安稳、忐忑不安、左右摇晃、上蹿下跳等，显现出五心不定、重心不稳，即所谓的"没有自我"，所以书中开出的对症处方之一是"扎根"。

最后说一下"不再"，实际的情况是一而再，再而三。书中所说的讨好是一种强迫性重复，显然是难以改变的，甚至可以说，改变讨好本身就是在讨好，而且不知道是在讨好谁，能够讨什么好……出路在哪里？可能必须像作者所努力的，面对并描述讨好的真相。

书中许多地方谈到"困境"。讨好是一种困境。讨好有其历史起源，我们被困在早期经历中，无法挣脱。讨好有美好的出发点，带着建立、维护关系的期待，但讨好的姿态注定讨不了好，很有可能是讨"打"，即被人和被自己嫌弃。而讨不了好的结局，让我们的匮乏感、被抛弃感被再一次强化、放大，于是讨好迭代升级，让人最终陷入恶性循环的困境。

困境带来反思。一个公认的说法是讨好的人会失去自我，但"没有自我"并不是简单的"没有"，要摊开来、拆解了仔细看，深入研究，不能似是而非地糊弄过去。讨好者不是没有自我，而是有许多个自我，其中一个是冷眼旁观的自我，他就看着自己的身心成了讨好的舞台，机械地对外界做出反应，完成讨好的各项规定动作。他会说自己无能为力，同样，并不是真的"无能为力"，而是他已经洞察，一切都在重复，他等待着、捕捉着一个可能不同的结局；他犹豫着、徘徊着，不知是否推开真相的大门。

本书带我们进入讨好的情绪"矩阵"，这是本书非常精彩的部分。"恐惧与焦虑""羞耻与委屈""愤怒与内疚""悲伤与无力""孤独与空虚",情绪或情感不是单一的存在,它们实际的存在状态像是具有谱系的网络,笼罩着我们;又像是无边无际的沼泽,我们深陷其中。焦虑是"信号",在我们的身心中标记了伤痛,呼唤我们去指认恐惧的对象。在讨好时不得不委屈自己,主动牺牲、奉献、付出,或是默默承受加诸自身的不公平,于是在委屈中压抑着不满,酝酿着怨毒。当冲天的怒火按捺不住,终于喷发之后,随之而来的是强烈的反噬,人便被内疚感吞没。讨好中也用虚情假意的热闹粉饰孤独的身影,填补内心的空虚。

这些情绪情感既是讨好带来的结果,也可能是讨好的驱动力,如没有达成理想自我的羞愧感、分离的焦虑等,都会启动讨好的应对行为。另外,情绪也成为讨好的武器,如书中对内疚的分析中提到,实施被动攻击,让对方内疚以获得掌控感等。又如,讨好中常见的低三下四,低声下气,低到尘埃里,把自己的尊严踩在脚下,在地上摩擦,用羞耻作为讨好的筹码。

痛,真的很痛。所以讨好者似在炙热的土地上,不断地跳跃,无法安住,不得安稳。书中分析了讨好的认知行为模式,描述了讨好者内在心智运作的过程,简略来讲,可以说是在"跳",在两极中跳来跳去。不能太近,也不能太远;想要走近,又要逃离;不是你欺负我,就是我欺负你;要么你受伤,要么我受伤;失去时渴望重新获得,获得后担心失去;如果满足了我,你会嫉恨我；如果满足了你，我会贬低你……讨好者就生活在两堵墙之间的狭窄地带，被压成一张薄纸，无血无肉。

书中的练习能帮助我们安顿下来。如果只是说，说出的话像被风吹走了；如果只是看书，好像自己也是一阵风，从文字间吹过；如果写下所思所感，就留下了一点痕迹，因为内在世界已经被塞满了，新的内容很难进出，很难立足；或者是没有可以接受新体验的容器，所以，一点一点地写，一点一点地留下、渗入，一点一点地创造不同。经常听到人们说，心理咨询没有用，说了没用。其实，"说了没用"有两个部分：一是"说了"；二是"没用"。说了，完成了一个动作，讲述了经历、经验，往外倒了一点点，是有一点点的松快感，马上就跟上了另一个动作，即否认，迅速地把刚发生的删除、抹去，就像种树，种下了，马上就拔出来，根本不让扎根，自然也就不稳，风雨飘摇，必须通过讨好紧紧抓住点什么，然而所作所为心知肚明，难免心虚。结果是，越心虚，越要抓救命稻草，如是而已。

本书作者是从"优秀"切入的，换成其他切入口，如"表里如一""一身正气"等，一样也可以通达讨好的困境——它们从具体的现实生活中抽离，成了戏剧表演的主题。这并不是要否定我们所倡导的美好，而是如作者所剖析的，对优秀的追求伴随的不是愉悦的体验，反而成为让人窒息的压迫、钳制、勒索，催生了许许多多的空虚、虚假，与我们的初心南辕北辙。这是怎么发生的？到底出了什么问题？需要我们面对和深思。本书是一个很好的样板，反映了这一代中国心理学人勇敢且睿智的探索。

推荐序二

讨好是一个人御寒的外衣

武志红

这本书的内容源自黄玉玲老师和我们平台"看见心理"合作的一个训练营课程，如今见到这本书出版，我很开心，也重新细细地读了一遍。这本书的书名叫作《不再讨好：做安稳强大的自己》，在我心里，黄玉玲老师非常适合探讨这个议题，因为她是一个敢爱敢恨，却也能让关系健康、畅快、融洽的人，同时也是我们平台最资深的咨询师之一。

在人际关系中，你能表达"好"，也能表达"坏"，这是完整的。当你只能在关系中表达"好"的时候，你就成了"好人"。我看到太多的"好人"，他们的情商并不低，在普通关系中，他们会自然捍卫自己的利益，但在亲近的关系中就做不到了，例如在亲密关系或亲子关系中。之所以如此，是因为他们在"我在意的亲近关系"中，即"我和自己人的关系"中，只能表达"好"，不能表达"坏"。

我们生活在一个把"忍与让"作为一种为人处世美德的文

化环境中，从小受到的教育是"多为他人着想""吃亏是福"，这并不是说做"好人"有什么问题，而是说我们不能只会做"好人"。

有太多的好人，他们只是维持了一个好人的外壳，而他们的内在，是一个没有成形的自我。"自我"这个词，我给它做了一个新的界定。所谓自我，就是我们的精神生命。自我没有成形，意味着一个人的精神生命尚未诞生。你只要稍一思考，就会发现，这个议题太严峻了。

那么，是谁、是什么力量在破坏自己，让自己的精神生命不能诞生？

追问这个问题时，我们最容易去怪罪身边的关系，而在关系中习惯讨好的人，就是在用"只有好没有坏"的行为模式拼命地说："不是我，不是我，别怪我。"

翻看黄玉玲老师这本探讨讨好型人格的书，我同样看到了这个逻辑：当孩子不敢拒绝父母、不能做自己的时候，他们就是在害怕成为那个"坏人"。因为一旦成为"坏人"，就要承受愧疚的折磨，遭受被惩罚甚至被家族遗弃的风险，这是最让孩子恐惧的。为此，"我"宁可牺牲自己，也要抑制生命深处"精神自我"的生长。

严重的讨好行为，源自严重的被抛弃创伤。如果说社会有一个底色，那么我想讨好至少是底色之一，因为有太多的人陷在严重的被抛弃创伤中。

《人间失格》，太宰治直刺人心的准自传，如此描绘这种心理。

> 我想到一个办法，就是用滑稽的言行讨好别人。那是我对人类最后的求爱……我靠滑稽这条细线，维系着与人类的联系。表面上，我总是笑脸迎人，可心里头，却是拼死拼活，在凶多吉少、千钧一发的高难度下，汗流浃背地为人类提供最周详的服务。

> 而且，无论我被家人怎样责怪，也从不还嘴。哪怕只是戏言，于我也如晴天霹雳，令我为之疯狂，哪里还谈得上还嘴……只要被人批评，我就觉得对方说得一点都没错，是我自己想法有误。因此我总是黯然接受外界的攻击，内心却承受着疯狂的恐惧。

太宰治说的"疯狂的恐惧"，就是对被抛弃的恐惧。这种恐惧压倒一切，他为了避免这种恐惧可以付出一切。讨好算什么，滑稽又算什么，只要不被抛弃就可以。

日本电影《被嫌弃的松子的一生》中，松子的作家男友，撞火车自杀前留遗言"生而为人，对不起"，这也是太宰治真实的自杀遗言。这本小说的名字——人间失格，也经典地反映了有严重被抛弃创伤的人的感受。若婴幼儿时未被看见，自己感觉都没有在人间存在的资格。

有这种感觉做底子，那么，随便抓住任何一根救命稻草，即那些偶尔能与别人建立哪怕再松散的链接方式，都会极度执着。

恐惧被抛弃的，不止是太宰治和松子的作家男友，更有无数个渴望爱却不曾体验爱也不知道爱为何物的普罗大众。本书正是在深度剖析这个有些悲情的文化现象与情感模式。但我相信，如果你能够沉浸地阅读它，就会有意想不到的收获。

这本书的书名叫作《不再讨好：做安稳强大的自己》。我非常喜欢这个书名，其中的"不"字有着坚定做自己的力量感，这也是一个人"精神自我"的独立宣言。

不再讨好，意味着一个人曾经尝试讨好。现在，当你被题目吸引并翻开这本书的时候，你的内心其实已经有了思考这个议题的种子。如果你有"讨好"相关的行为反应模式，那么我相信这也是一本帮助有着某种内在"虚弱感"的自我重建秩序、重新扎根的书。

如果你已经决定要告别过去的模式，那么我相信这本书的结构及练习可以为你提供助力。

我研究原生家庭和人的心理发展多年，相关的著作，从学术论文到畅销书都看过不少。要把原生家庭问题说得深入浅出，非常考验咨询师的学术功力和日常观察，以及系统写作的能力。这本书，我愿意称它为原生家庭的主体性写作。

一个人的人际关系模式起源于原生家庭，黄玉玲老师是我们团队中一位专业非常扎实的咨询师。关于原生家庭对讨好的形成和影响，她有着非常精彩到位的观察与思考，且对应每一个情感反应的描述，也令我赞叹。情感是关系流动的基础，理解是疗愈的基础。我相信，当她把这一切梳理成文字，呈现给大家的时候，其独特与深刻的理解能让大家获得共鸣。

最重要的是，书中提到的构建个人主体性这一成长方向，相当于铺设了一条非常清晰、踏实的希望之路，虽然这条路非常漫长，也甚为艰难，但一想到我们被压抑的"精神生命"，这种共生带来的绝望感，也许会让我们行动起来，不再那么畏惧。

我们做很多过分的努力，例如用权力压制别人、讨好等，其背后都藏着一种渴望——希望事情能按照我们的意愿发展。有时这份意愿非常直接粗暴，如权力狂；有时这份意愿很委婉，甚至都难以看到，例如严重的讨好型人格。当深究背后的动力时，我们可以看到藏在这些模式背后的强烈自恋性动力——我都这样了，你们怎么还不按照我的意愿行事。

放下这种自恋性的强烈渴望，尊重一个基本事实（"我是我，你是你"），尊重人性，尊重最能控制的就是自己，然后好好地修自己的身和心，我们就会看到一个不一样的世界。

在强烈的自恋动力这一维度，我也看到黄玉玲老师有非常深入且多维的解读。这也是在本书第二部分中呈现最多的内容，其中大部分挑战的是人的自恋思维。书中把思维想法、内心活动写得非常生动，且简单易懂，这类似于在心理咨询中，咨询师"言说"出了来访者的无意识困境，使这个无意识意识化，于是难以言说的痛苦变成了"有人懂，有人理解"。这也可以看出一个成熟咨询师的功力。同样，被困在无法言说的孤岛里的人们，将会因为被理解而获得温暖。

书中有许多接地气的例子。比如，孩子以为自己做得完美就可以获得他想要的爱，妻子以为自己成为丈夫的贤内助就会获得幸福美满的生活。这一切都建立在让他人满意的基础上，在这种关系里，自我不见了。以父母为中心的，还没有完成与家庭的分离；总是以别人为中心的，更可悲，一直没有活出自己。

很多人读了本书可能会觉得案例中的人物身上也有自己的影子。如果你有这样的感觉，就是发生了一些认同。借这个认同的通道，反倒能够为自己打开一扇理解和改变的大门。

回避冲突，讨好别人，永远都只是在强迫性重复，唯有真正直面才会带来新的可能。我惊喜地看到在本书最后一部分，黄玉玲老师以更加耐心细腻的语言给我们呈现了疗愈的蓝图。通过不同的力量练习，我们得以建立自己的主体感，滋养自己的"精神生命"。这样我们才能真正地扎根，活在自己的土壤里，成为自己的主人，无须再讨好他人。

本书每章末尾都配有练习，用心去书写，对我们非常有帮助。尤其是最后部分那些带着光的练习，非常温暖又有力量，适合反复尝试。

我曾经也是一个资深"老好人"，好几年前的一个早上，我走在路上，突然间有了一种难以言说的平静感。体会这份感觉，顿悟自己总算脱掉了讨好型人格的那层外衣。原来，拥有讨好型人格的人，脑海里总喧嚣着别人的声音。现在，不要邀请这些声音进来了，不要再妄想着对别人的责任与义务了，今后基本尊重自己的感觉。终于，我收获了平静。相信有一天，你也会收获这份平静。

爱所爱的人，但不是讨好他们，这也是在表达你对这个人的信任，相信每个人都有取悦自己、摆脱困境的能力。爱需要你拿出你的主体感，用你的真实自我，与所爱的人真实、深度碰撞。

最后，我想引用一段从来访者那里听来的话，与大家共勉：

人生由几百、几千乃至几万个大大小小的选择构成，等你老了，回顾一生的时候，你发现最亏待的，恰恰是你自己，那你这一生，就白活了。

　　愿你不负此生！

推荐序三

给你一个黄玉玲

伍倩

　　以我与玉玲有限的几次交往——仅限于网络友情、微博互动的缘分，我猜，她之所以邀请我成为她新书的作序者之一，一定是因为她阅读了我的小说《万艳书》，其中的主角之一白万漪是个十足的"讨好者"，她讨好父母，讨好朋友，讨好爱人，她甚至讨好处心积虑对付她的敌人。

　　简而言之，如果你想让这个姑娘去死，只需要告诉她如何把头放进绞索里就行了。

　　和白万漪相处，不是一件容易的事。"相处"，对小说家来说，意味着共用一幅皮囊、一颗心。于是，我停止为了自身而存在，只一味地在她的世界里低头过活。我既扛得起一切暴力和冷漠，又能够被一个无足轻重的眼神随时粉碎，这让我心间常常充满着愧的苦涩：我为别人对我的嫌恶感到深深的抱歉，我任由他们踩着我的脊背扬长而去，从我每一点卑微的希望上碾过——到后来，我最大的希望，就是自己从未出生过。

成为讨好者，是一种奇异的体验：我的外在像一个完美封闭的圆形一样毫无破绽，我的内在像一个完美封闭的圆形一样尽皆虚空。

　　因此，当我拿到玉玲的《不再讨好：做安稳强大的自己》的书稿时，第一个感觉是好奇。身为作家，我们被允许使用超自然的"附魅"或"召灵"在人物的生命里来去自如；但心理学家所面对的，却是另一个共时空的血肉实体，他们该怎样说、怎样做，才能打开一位讨好者的人生和心灵？

　　那光滑的圆形是否当真存在一个节点，让人们既能进入当中的虚空，又不暴力损毁其完美的表层？

　　我必须承认，对于我的怀疑，玉玲给出的答案超乎预期。我忘了，作家有作家的"巫术"，心理学家也有心理学家的"魔法"。按照正确的说法，似乎我更应称其为专业、技术、理论和实践，但在这一篇篇卓越的访谈与剖析中，我的确感到有些成分接近于魔法，比理论更深刻，也超越了单纯的实践本身，它们来自访问者的人格内面所散发出的力量、温度、声音与气味。玉玲用自身强大的谦卑、亲和的敏锐建立起跨越了时空尺度、对话维度的超立方体，她径直由半空降临，落入那些严丝合缝的圆形的圆心。终于，个人的秘史被翻阅，意识的底层被照亮。

　　这不是一本理论书，而是一部魔法书；不是在说教的书，是在聆听的书。第一次，在童年那空陷的沙坑里，我们不用眼观六路、耳听八方地注意别人；第一次，我们被全神贯注地回应着，我们毫无顾忌地哭和笑——是的，我是那么喜爱每一章最后的小小练习，几乎像是游戏，一场如此纯粹的、自己陪伴自己的游戏。

终于，在玉玲照彻内外的魔法时空里，我们一一捋清了心里长久以来无以言表的"不快乐"：焦虑与恐惧、羞耻与委屈、愤怒与内疚、悲伤与无力、孤独与空虚；我们彻底爬梳了每一个行动间的"不自由"：迎合与顺从、进入与逃离、付出与补偿、失去与获得、存在与消失。我们学会把一直束缚着自己的无名痛苦一缕一缕地拆开，还原成命运的丝线。玉玲教会我们带着觉醒和活力，以这陈旧的丝线重新编织自己的人生，战袍或睡衣，任君自便。

说到底，我终究是脱不了一个小说家的习气。在小说里，当我写到白万漪这样一个可悯却又如此可爱的讨好者时，很难忍得住不给她一点什么——一份天作之合的爱、一丝尘世的温暖，以补偿她对自己过深的剥夺。然而到最后，我依然无法阻止她内心对宿命的召唤，那即将冲刷过一切的洪流。

这也就是为什么，我为《不再讨好：做安稳强大的自己》的读者们感到庆幸。因为当世界决定给我们一个黄玉玲的时候，哪怕我们依然怀抱着童年的残缺，我们也无法被什么剥夺；一旦被那样笃定的陪护、清明的温柔进入过之后，我们终将拥有自己。

尽管玉玲没有说，但我依然听见了她的承诺——愿每个人最后都能享受自身的存在，愿每个人也都能向自己的孩子立下保证：你无须讨好这人间，你和这人间将互相取悦。

谨序。

自序

　　"讨好"这个议题，一开始我没有想到会有这么高的热度。

　　在武志红工作室平台上的第一个课程"攻击性32讲"爆火之后，听众对于"讨好"这个议题的讨论占据了其中最大的篇幅。工作室邀请我对"讨好"这一主题做一个深度解读，并希望这个解读能真正落地，帮助受困于"讨好"的人们。

　　当时新冠肺炎疫情席卷武汉，我们待在家里，眼见那一场场的惊心动魄，只能在不确定的恐惧里学习如何安顿自己和家人。武汉解封后不久，出现了一些有意思的现象：有些人大胆地提出了离婚，而有些人则确定要好好走下去。

　　这一场长达两个月、每天近乎24小时的近距离相处，让那些在一起的人终于搞清楚了，余生，我们到底是要在一起还是分开。

　　静默即空间，让我们重新思考，我们到底要过什么样的生活以及我们能为此做点什么。

　　疫情之后，我见了一位新的来访者，她正是为此而来。她说，她受够了和伴侣的无休止争吵，原本以为疫情会缓解他们之间的关系——最开始的恐慌以及彼此在困境中的相伴，给了她希望的曙光，然而这曙光很快就没有了。她来此之前，上过很多课程，是一位非常努力成长的独立职业女性，她困顿于和丈夫的关系，想要寻求改变。

很快我就了解到，她原来对丈夫百依百顺，是一位超级讨好型人格的"贤妻"。她倾尽所有，铁了心要和丈夫携手共度余生。他们刚结婚的时候，丈夫没什么钱，家里一切开销都是她负责，后来丈夫做生意有了起色，但给她花几个小钱都要斤斤计较，并且，丈夫对她忽冷忽热，一开始，她总是自我陶醉，觉得这样的男人很有个性、很酷，男人的钱都是要去做大事儿的，将来这些钱不都是他们二人的吗？直到丈夫出轨，她才醒悟，自己以往的努力付出都是一厢情愿。

痛定思痛，她决定挣脱这样的困境。她说，这一场婚姻和这一场疫情，帮助她看到了自己以往是如何讨好、如何卑微、如何不珍惜自己，又是如何在关系里屡屡挫败的。她要从这里爬起来，她还年轻，余生不想再讨好谁，她要过上新生活。

能看到自己在哪里、在经历什么，就有机会从困境中突破。一个人要真正尊重自己，会迸发出强大的救赎力量。

回看我这十几年的临床咨询案例，绝大多数都有"讨好"

的议题出现其中，大部分"讨好"的关系模式是从上一代人那里学习到的。那些父母教会了孩子去"讨好"他们，这样孩子将会得到夸奖、赞美和肯定，也避免了被遗弃的风险。

等到孩子长大成人，讨好的模式便会被带到新的关系里。小时候怎么讨好父母，长大后，他们就会怎么讨好伴侣以及伴侣的父母。面对一切和权威相关的人，他们就会自动启动"讨好"模式。

如果一个人的主体意识没有清醒，而他又很敏感，这种讨好将会给他带来一场悲剧。

幸运的是，我们生活在这个时代，有丰厚的物质基础为保障，人们的精神世界必定会展开新的篇章。

如同那个疫情之后来找我咨询的女士，在过去30年及以前不少女性遇到这种情况最终都会选择隐忍，但现在，更多的人选择站起来，选择表达自己。

这是时代的进步。通过挑战，人们拿回属于自己的尊严和地位，他们不再是另一个人的附属，也不是一个工具，他们的存在本身就是有价值的。

这也印证了最初"讨好"这个主题引发热议是有其必然性的。它呼应了新时代人们内心对于自由的深层向往，作为一个个体，每个人都渴望被尊重、被好好对待。

这本聚焦"讨好"主题的书，也是具有挑战精神的一种存在。它让你无法逃避，无法无视那个可能已被忽略好久的自己；它也会帮助你深刻地看见自己，理解自己；它还会协助你一点一点地扎根，成就一个稳定的自己。

我在咨询过程中看到很多振奋人心的案例，案例中的人们勇敢地面对自己，乘风破浪。

我也相信每个人都可以活出自己的精彩，突破"讨好"，我们可以从自己这里开始，从这一本书开始。

书中每一章都附有"练习"内容，如果你愿意，可以配合正文的内容做一做，相信会有非常特别的收获。

我要特别申明，这是一个邀请，而不是一个要求。你是自由的。

最后，我要感谢人民邮电出版社的编辑梁清波女士，她为我提供了一个很珍贵的抱持性空间，在我修改书稿的过程中给了我非常大的耐心、支持和理解；也要感谢出版社和编辑团队对这本书提出的宝贵意见和建议，这帮助我直面自己的内心，使这本书的内容更加流畅完美。

还要感谢武志红心理咨询工作室的伙伴们、我的来访者、我的微博粉丝、我的读者，是你们给了我丰富的灵感及深刻的思考。

当然，还有我亲爱的家人和朋友，是你们给了我最深层的情感滋养、最直接扎实的现实支持，使我有力量完成这样一本书。

目录

第三部分　力量篇

导读

真正的优秀，是为自己而活

我想从"优秀"谈起。

真正的优秀，是为自己而活

不知道大家有没有注意到，从小到大，"事事争优"这件事在我们身边就没有消失过。

一个孩子在与伙伴们的竞争中败下阵来，父母会说"都是你不努力，才会输给别人"；孩子成绩一般时，父母随口一句"人家的成绩怎么就那么好"就能让孩子沮丧得说不出话，自卑和嫉妒的种子就这样慢慢发芽。

孩子长大了，进入职场，在人际关系方面感到非常吃力，父母又会说"你怎么这么笨，连人际关系都维护不好"。大家有没有发现，这些所谓的"不优秀"都是外在世界——父母给孩子的反馈。就好像你优秀不优秀不是由你说了算，而是由他们决定。

为什么孩子无法拒绝被这样评判呢？因为这些反馈中有他们与父母深深的连接和认同，有孩子对父母的爱。孩子为了得到父母的爱，会竭尽全力。

一个姑娘给我讲了她的故事。每一次她在竞赛中获奖，父母都很高兴，但接着就会说："你要是能得头等奖就好了，我们会更开心。"于是，为了让父母开心，她继续努力，父母则进一步要求她得区级一等奖、市级、省级，甚至国家级一等奖。

她很努力地拿到了省级奖项，可怎么也拿不到国家级奖项。她发现父母很失望，她也因此非常沮丧，甚至憎恨自己，为什么自己这么差劲。即使在同学眼中，她已经相当优秀，但她看到的永远都是"我不够优秀"，她的内心自卑而敏感。她很害怕看到别人眼神中的失望。

这些都来自父母对她的影响。成为父母眼中优秀的孩子，父母就高兴；没有成为优秀的孩子，父母很失望。优秀与不优秀似乎就在这不停变换的脸色中被定义了。

这个女孩一直向前奔跑，就是为了成为父母眼中"优秀的孩子"，只有这样，她才能与父母心中美好的部分继续连接。当她看到父母失望，甚至远离自己时，感觉就像某种美好被毁掉了。

每个孩子都非常需要"好父母"，这对他们的心理发展至关重要。而为了得到"好父母"，他们会追捧优秀，不知不觉形成非常苛刻的超我人格，他们会要求自己，也要求身边的人，只能优秀。

当身边有人不优秀，他们也会表现得像父母那样嫌弃、失望。他们内心只能接受自己成功、强大，绝对不可以有"失败""弱小"这样的词语出现。怎么样？听起来都觉得很紧张吧。至少对我来说，如果我身边有一个这么追求优秀的人，我会非常有压力。

当生命只有一种上升的渠道时，人不会自在到哪里去。即便他已经极其优秀，并从这种状态里获得了极大的自信，他仍然会觉得自己受到了限制。

有一位男士生于富裕家庭，成长的每一步都被规划好了，他一路读名校，留学海外。他的父母非常渴望他继承家业，把家族企业传承下去。但是，一想到要接替自己的父亲、成为家族企业的掌舵人，他就非常恐惧。

他抑郁了。

他说，他非常害怕自己不够优秀，没有办法守住家族财富，不要说超越自己的父亲，就连和父亲相当都不可能。他说，在外人看来他的求学之路一帆风顺，但其实他学习非常吃力，即便进了名校，成绩在班上也总是倒数，最后是靠重修课程才勉强毕业。他喜欢音乐，但他的父母觉得这么大的家业要由他打理，不能学艺术，只能学金融。

他的愿望没有得到支持，当他痛苦时，别人还觉得他矫情："你家那么富有，你还有什么不满足的？"他好像连难过的权利都没有。这位男士说，他从小就没有话语权，家人为他设定的所有目标都是为了把他培养成优秀的接班人。他们很舍得为他花钱，但是一点儿都不了解他。当他做得不够好的时候，父母会不高兴，对他非打即骂。这让他很害怕，有时候，他甚至怀疑他们是不是自己的亲生父母。

这位男士之所以抑郁，就是因为他没有为自己而活，他也不敢为自己而活。由于觉得自己不够优秀，他只能在生物性层面上活着，无法得到生活的滋养。

父母会因为各种各样的原因贬低孩子，打击孩子，他们一旦看不到好的结果，就陷入恐慌，给孩子施加压力。在这种情境下，孩子会发展出一种假性自体。

假性自体，顾名思义就是戴着一个面具，以别人期待的样子来生活，他们把最真实的部分藏在心灵深处，绝不轻易示人。

拥有假性自体的孩子，虽然他们还是会朝着父母期待的方向努力，但是，他们会觉得自己像深陷淤泥的马车，越来越使不上劲。

　　说到这里，我感到有点儿悲伤。哪个孩子在初来人世的时候，不是活力满满的呢？他们那么依赖父母，也毫无保留地把自己交出去。正常的情况是，孩子在经历彻底依赖父母的阶段时，会通过依赖得到很多鼓励、支持、自信，这让他们有力量面对与父母的分离，走向真正的独立。

　　但是，如果孩子在依赖阶段没得到充分的满足，在分离时就会出现困难，结果就是，不能成为一个真正独立的人。就像上述案例里的男士，他是无法担当家族企业传承重任的。

　　可怕的自我攻击也会像潮水一样汹涌而来，这样对自我的贬低，恰好也是被父母教会的。哪个孩子不需要得到父母的赞赏与认可呢？如果父母只看结果，看不到孩子在过程中的努力，就一味责骂，无疑是在毁掉孩子。

　　如果父母有机会觉醒、成长，那么他们会收获和谐的亲子关系。如果父母一直没有什么改变，希望作为孩子的你，能够有勇气认清现实，勇敢地为自己而活。

　　当然，我们不是排斥优秀。如果你非常享受优秀，并从中获得了很多乐趣，甚至越来越有创造力，那么请你好好享受它。我在这里说的情况，是一种以过度消耗自己的方式追求的优秀，这是一种自伤式优秀。这种方式非常沉重，让人疲惫，不能真正滋养我们。

如果你一直在追求优秀的路上停不下来，经常把自己搞得疲惫不堪，甚至开始悲观厌世，那么我请你停下来想一想，这真的是你想要的优秀吗？一个人若只是为他人而优秀，那就太悲哀了。真正的优秀要发自内心，在追求优秀的过程中，你不会觉得那么委屈、那么辛苦，而是享受追求优秀的过程。

优秀是一个生命本来就会到达的地方，只要把土壤准备好，在合适的气候下，种子自会生长。

追求优秀的过程中，常掉入的思维陷阱

人们为什么会追求所谓的"超级优秀"，哪怕付出失去自我的代价？因为"超级优秀"的背后有着巨大的益处。比如，如果优秀，我就可以得到我想要的一切；如果优秀，我才配活着；如果优秀，父母就会爱我。

你看，这些都是人们想要的东西——物质、尊严与爱。但很少有人知道，越追求优秀，越容易掉入一些思维陷阱。

陷阱一，只要我足够优秀，就可以得到我想要的一切。

这是真的吗？优秀是否等同于拥有了你想要的一切？

有一个叫小朋的男生，从小成绩名列前茅，留学归国之后，去了一家知名的设计公司上班，工资很高。但有一段时间，小

朋竟然不能去上班，抑郁到无法正常生活。触发这一切的事件是，公司新来的一个设计师。这名设计师没有留学背景，但设计的产品非常有特点，很快就在公司有了不错的口碑。

一次，有个重要的客户需要一个非常有纪念意义的设计。公司让小朋和新来的设计师都出了设计图。最后客户选择了新来的设计师，这给了小朋很大的打击，他开始怀疑自己是不是真的优秀。他一直都像天之骄子一样顺风顺水，没想到竟然败在了一个没有他学历高的新同事手下。

一直以来，因为优秀，小朋得到了非常多的荣誉、赞叹、欣赏与艳羡。他靠自己的能力考上了非常好的学校，他想要的似乎命运都给了他，但他却在这件事上遭遇滑铁卢。他很难接受这样的事实，因为他一直信奉的是"只要我足够优秀，我就可以得到我想要的一切"。

现实冲击了小朋的自恋。他以前要风得风，要雨得雨，这让他对自己的能力相当自信，这些自信成了他自恋的一部分，渐渐变成了一种自己"无所不能"的感觉。这件事的发生，给了他一个相反的信息：你再优秀，也不能得到你想要的一切。

难以接受现实的他被困在自恋受伤的挫败里，以至于无法去工作。在接受了专业的干预后，他才得以重返职场。

关于优秀的幻想一直在自恋的世界里升腾，直到遭遇现实冲击，才终于落地。

优秀，当然可以让人们获得更多的资源，这无可否认。但这不代表人们可以凭借优秀拥有想要的一切。

陷阱二，只有优秀，我才配活着。

有些父母会给孩子灌输一些非常可怕的观念。比如，不优秀，不配活。这种观念的杀伤力极强。想象一下，一个比你强大的人，一个一直以来被你仰赖的人，对你说"不优秀，不配活"时，你会有怎样的感受。

电视剧《冷案》讲了一个让人心碎的犯罪故事。林慧从小就是"别人家的孩子"，她样貌出众，才情、能力俱佳，听话懂事，品学兼优。她18岁那年，考上了名牌大学，前途无量。本以为她的故事会这样完美地发展下去，谁料到，高考结束后，在拿到录取通知书的第二天，她离家出走了。

林慧渴望自由，不想被父亲规划好的人生路线羁绊，不想忍受父亲的高标准、严要求。她想改变，但外出流浪的生活异常艰辛，她被坏人哄骗，来到风月场所以出卖肉体为生。而她的父亲在一个关于扫黄打非的电视新闻里看见了"抬头挺胸"的林慧。

他找到林慧的住处，大骂她恶心，甚至愤怒地嫌弃她说："如果你想要的就是这种生活，还不如现在就去死。"他无法理解林慧内心的处境，更无法容忍这个他一手栽培的女儿如此堕落。气急败坏之下，他掐死了自己的女儿。

直到最后，这位父亲仍然用非常惋惜的口气说："林慧曾经是一个多么完美的作品啊。"这是一个让人悲愤的故事。剧中林爸爸向孩子传递的信息就是"不优秀，不配活"。可想而知，在18年的生命里，林慧活在怎样的恐惧之下。她有深深的亏欠感，就好像父母给了她生命、养育了她，她就必须偿还，只要父母提出条件，她就必须满足。

所以当父母提出"你必须听我的，你必须按照我的要求来，你必须优秀，你必须完美，否则，你就等着被羞辱吧，你不配做我的孩子，不配活着"等要求时，她也必须满足。这当然是父母内在脚本的投射，但年幼的孩子根本没有能力从这庞大旋涡里跳出来，他们唯有顺从、拼命优秀，以获取这"活下来"的资格。

林慧在18岁时替父亲完成了名牌大学梦，她以为终于可以过自己想要的生活了。虽然她不知道外面的生活是什么样的，但她不想继续过父亲给她规划的生活了，她努力从这个旋涡里跳出来。林爸爸把自己内心对堕落的仇恨、对不优秀的蔑视，都投注在那双狠狠掐住孩子脖子的手上了。他真的认为"不优秀，不配活"。

他创作出来的这个叫"女儿"的作品，既给他荣光，也让他蒙羞。在他内心深处，女儿不是人，女儿只是一件作品，一个工具。如果你也有这样强烈的羞耻感，觉得自己不优秀就想死掉，那么你很可能掉入了"不优秀，不配活"的思维陷阱。你需要通过学习去识别这些陷阱，你需要明白那不该是你要走的路，也不该是你要承担的责任。

陷阱三，只要我足够优秀，父母就会爱我。

很多人觉得没有得到父母的爱，是因为自己不够优秀。这当然也与父母传递的信号有关系。比如，你考了高分，父母就赞扬你，给你买喜欢的玩具；你得了奖，他们喜笑颜开；你和邻居打招呼很有礼貌，他们更是欣慰，等等。

如果你没有考高分，没有得奖，没有和邻居打招呼，他们就开始呵斥、评判、指责。这很容易让孩子觉得，只有我表现得好，父母才会爱我。这是不对的。我们应该明白，爱是不管我做了什么，你都不离不弃，而不是一旦我做了让你不满意的事情，你就换了一副可怕的样子，让我感到原来的你已经离我而去。

在十几年的临床咨询里，我听到很多这样的故事。被"只要我足够优秀，父母就会爱我"的幻想催眠的孩子长大之后，会在各种关系里寻找爱。他们感觉自己没有被爱，至少没有被充分爱过，于是，他们把这个愿望放在了各种可能的关系里，而达成愿望的媒介就是让自己变得足够优秀。而"我要变得足够优秀"又会在关系里变成"我要满足你对我的期待"。

电视剧《三十而已》中的顾佳就是这样的角色。她有非常强的工作能力，却为了丈夫、孩子，回到家里相夫教子。一切看起来都很顺利，她想要的都渐渐有了，但当她的丈夫出轨时，她整个人几近崩溃，整个心仿佛都被抽走了。

为什么呢？顾佳为家庭做了这么多，是为了得到她最想要的东西——爱，丈夫对她的爱。但是，她的优秀没有换来爱。对顾佳来说，这是相当大的打击。好在顾佳及时醒悟，最终明白，爱与优秀没有直接关系。

一个真正爱孩子的父母，就算孩子没有成为他们期待的样子，他们依然爱他。爱与优秀没有直接关系。如果有人是因为你优秀才爱你，你要思考一下，他们的爱是否纯粹。

优秀会让我们感觉对很多事有掌控感，于是，我们会展开自恋幻想，认为"我优秀，我就可以掌控双亲之爱"。没有真正被爱过的孩子，难以分辨真正的爱和虚假的爱，只会习惯性地认为原来那种用优秀换取爱的方式是有效的。

在一些重男轻女的家庭里，无论女儿怎样优秀，父母都不会爱她胜过爱儿子。父母爱不爱你，其实与你是否优秀关系不大，与父母爱的能力有直接的关系。如果父母本身缺乏爱的能力，没有办法爱你，自然会让你感觉很挫败。

真正的优秀，从不拧巴

听优秀者的故事，是能听出幸福感的。遗憾的是，很多人所谓的优秀都是用忧伤堆砌而成的。

孩子天然地爱父母，所有的小孩都曾是这样。为了爱父母，孩子会做出很多调整，以适应父母的需要。比如，父母需要一个优秀的孩子，那么，孩子就努力让自己变得优秀，这是一种对父母很深的认同。

如果你很享受这样的优秀，并在这样的优秀中感到舒服自在，那么你可以尽情享受。但如果，你在追求优秀的过程中感觉拧巴、扭曲、压抑、愤恨、无力，那么非常有可能，你是在讨好父母。

就像前文提到的林慧，她在拿到名牌大学录取通知书的第二天，就把通知书钉在父亲的门上。那一刻，她想要终结自己讨好父母的行为模式。她受够了什么都要听从父亲的安排，那是父亲内心想要的，不是她想要的。她想从那一刻起，忠于自己的内心。

她的出走是令人心碎的。因为原生家庭的关系模式，她根本无法分辨好人和坏人，导致她的努力被坏人利用，最后不得不出卖自己的身体来度日，无法再忠于自己的内心。她对父亲的讨好，本质上是一个受惊吓的小孩使用的防御性策略。

讨好，会压抑一个孩子的生命活力，这种情况下的优秀是以透支未来的生命活力为代价的。

我们能看到很多小孩都有这样的特质：懂事。懂事的孩子是悲伤的，也是委屈的。懂事被视为优秀的特质之一，要求人懂眼色、懂气氛，面面俱到。懂事，也是最令父母欣慰的特质之一，但如果懂事不是发自内心的，而是因为受到来自父母的压力，孩子认为不懂事就不是好孩子，那么，这种懂事本质上就是在讨好。

一个女孩对我说，她印象特别深的一个场景是，有一次，一个小朋友来家里玩，她的母亲要求她分享自己的玩具，母亲还说，对方是小妹妹，又是客人，作为主人，不分享是非常不礼貌的。

她说，母亲的这番言辞给了她很大的压力，虽然她不愿意，但还是被迫分享了。她不敢不听妈妈的话，因为，她的妈妈会以各种方式逼她就范。她说，她那时候还知道自己是不想分享的，还能感知自我的真实想法，但后来她就渐渐麻木了，不知道自己到底想要什么、喜欢什么。

她一路懂事的长大，却越来越没有自我。她按照父母的心意，考进一所不错的大学，学的也是父母喜欢的专业。大学毕业后，她进了一家非常体面的单位，但是她很麻木，和人打交道让她觉得非常辛苦。

在任何一段关系中，她都很容易被对方牵着走，总是以对方的意愿为主。她经常不知不觉就做了违背自己本心的事，直到感觉疲惫，她才明白自己又过度关注别人了。

她每次一生出按自己的想法活的念头，很快就会被对母亲的恐惧淹没。因为恐惧，她无法忠于自己的内心。就像小时候，她并不想分享玩具，却不得不分享；长大后，她同样无法坚守自己的真实想法。她一直都在为成为父母眼中懂事、优秀的孩子而努力，这严重影响了她的心理发展。虽然她已经成人，但在内心，她还是个孩子，那个受惊吓的、随时都在讨好的、悲伤的孩子。

她无法真正展开自己的生命，也很难发展自己的关系，她像被困在了黑暗的墓穴里，不知什么时候才能重见天日。

当孩子们不得不向恐惧屈服时，他们内心的挚诚与勇猛消失了，他们变成了工具，被调教成父母喜欢的样子。若父母们知道自己的孩子活得这么痛苦，他们还会那样严厉地要求孩子吗？

有一个叫"空心人"的说法比较生动形象地描述了这样的状况。优秀，却没有心。你不再是你，你已经不是你。养育者有非常大的权力，可以给孩子打造梦幻的童年，也可以让孩子背负长久的负担，因此，养育者更要谨慎使用手中的权力。

也许此刻看这本书的朋友已经不是小孩，甚至已为人父母，也许这本书可以让你们有机会让孩子少受一些这样的痛苦。

如果你遭遇过这些，而现在已经成年，你的生活也并不是没有希望。因为，时代不同了，现在的我们更鼓励开放、独立。

愿你能够从现在开始，不再讨好，为你自己而活，忠于自己的内心，活出自己的优秀。

第一部分

情感篇
看见与接纳，
深入内心的 5 组情绪

不 再 讨 好

第一章

理解，就是深深地看见

未被触碰的情绪是一种内在的禁忌，是我们努力想要回避但又渴望被疗愈的课题。只有当我们能看见自己内在的创伤、匮乏与动机时，我们才能深深地理解自己。在理解中，我们将启动疗愈的力量。

看见你的辛苦

你会不会有这样的时刻，付出了很多努力，好像还是无法融入想进入的圈子；下了很大的功夫，也没有让自己得偿所愿。

"沮丧""失望""脆弱"，是这个时候出现最多的词语。很多人就这样因为无法"讨好""适应"这个环境而慢慢抑郁了。

在我看来，每个人的内心都有美好的愿望。只是，很多人在走向美好的路上时很容易偏了方向，把自己变成一个达到美好的"工具",觉得自己应该做得很好;做不到的时候,就会对自己非常苛刻。

对自己苛刻,这其实是我们对自己的攻击,就好像自己应该是那个最强大的、最完美的人,做不到就是自己不对。

你有没有看到,其实自己已经很辛苦了,很努力了呢?

做不到的时候,本来已经很脆弱,很沮丧了,这时有人对你说"你就是不好,你就是很笨",那种感觉就是雪上加霜。

每个人内心有强大的部分,也有弱小的部分,但强大部分并不怎么喜欢,甚至有点儿讨厌我们内心脆弱的那部分。它们想方设法地苛责我们内心的脆弱,试图让它快点儿改变、快点儿消失。

虽然脆弱的部分一直很努力,可它总是达不到标准,无法很快做出改变。

我们内心的两个阵营都觉得很挫败、很矛盾、很难继续共处。

如果我们看不见这种冲突,就会对自己提出更高的要求。我们会觉得自己很不好,还有很多努力的空间;同时,为了达到要求,我们拼命努力,把自己弄得像个机器,没有情感,没有想法,没有需要。

今天达到这个目标,明天还会有更高的目标。永远有目标,永远看不到尽头。

心理学家卡伦·霍妮（Karen Horney）曾表示，在追求强迫性的成功与完美的过程中，我们内在会有一股强大的驱动力，高举着"应该"和"不应该"的旗帜，对自己能力的评估过于理想化，想要不停地实现自我超越。

在这个过程中，有些人学会在压力中生存，他们看起来过得更滋润了；而有些人则在这场自我提升的大战里，逐渐停滞、枯萎，觉得生活没有意义。

如果你时常情绪低落、疲惫、觉得生活没有乐趣，甚至莫名其妙地发火，那么需要考虑一下，自己能在压力下坚持多久，以及是否需要重新思考自己生命的意义、思考到底为什么而活。

当你把自己当作一个人时，你会体谅自己正在经历的辛苦，也许你会对自己手下留情，而不是一味地鞭策自己。

看见你的勇敢

被很多情绪淹没就仿佛被卷入巨大的旋涡，会令人产生一种很深的痛苦。

在畏惧面对现实、害怕陷入情绪时，很多人会选择性地忽略自己的痛苦。于内，否认、压抑、情感隔离等心理防御机制会在意识层面把我们的感受与情绪隔离开；于外，我们也能找到很多理由忽略痛苦，比如，将其当作禁忌。

不少参加过我的课程的朋友对我说,家里年轻一些的亲人因为某种原因离世之后,家人不准大家谈论自己的悲伤,认为这不吉利。

神秘力量的暗示通常产生强大的影响力。因为担心对家人不好,很多人选择将痛苦埋在心里。

不被触碰、未被处理的痛苦不会被人的无意识遗忘,它们可能会搅得人心神不宁,烦躁失眠;它们可能在心里生根发芽,日益影响人们的生活,让人无法忽视它们。

安娜·弗洛伊德(Anna Freud)曾提出**"否认"**的防御机制概念。它表现为直接拒绝接受现实,阻止自己对某个事实产生认知。也就是说,如果发生了难以应对的事情,人很有可能会拒绝感知或否认它的存在。

这种心理防御机制是极其常见的。人在痛苦时,这个防御机制会自然而然地打开。"否认"只是为了保护我们在当下免受更加强烈的冲击,但如果我们一直处在否认中,就相当于一直活在幻想中,这永远无法让我们真正地面对现实。

不要忘记,事实就是事实,是无法被无意识否认的。它会在人有一点儿心理空间的时候悄悄浮现,促使人们面对。面对,就是去看见;不想看见,就永远过不了这个坎儿。

成长总是伴随着疼痛。这些疼痛包括幻想的破灭、旧的价值观与信念的坍塌、真实世界的挑战，以及令人难以忍受的不确定性。这些都会不可避免地激发我们内在的情绪感受。很多人在勇敢地"看见"这些情绪，他们冒着被负面情绪吞噬的危险，蹚进一条条情感的河流，他们不恐惧吗？

当然不是，他们也很恐惧，但这并没有使他们停下脚步。他们带着恐惧往前走，呈现生命渴望生长和自由的力量。

心理学家卡尔·古斯塔夫·荣格（Carl Gustav Jung）认为，人是可以持续成长的，一个人终将成为他自己，完成一种整合性的、不可分割的，但又不同于他人的发展历程。

我有足够的理由相信，你也有这个力量。你没有放弃成长，你明知前路迷茫，但是，你还是选择了上路。

请相信自己，你的内在无意识也会带领你穿越黑暗，到达黎明。愿你能看见自己的勇敢。

看见你的无力

人常常会感到愤怒、焦虑，但只在极少的情况下感到无能为力。

事实上，**一个人的终极愤怒是指向自己的，即对自己无能为力的愤怒。**

人类有自恋的需要，要发展并增强对世界的掌控感，但是，人类也不得不面对一个基本事实：很多事情，自己搞不定。比如，过去的一分一秒，你没有能力把它们找回来，重新来过。又如，你的孩子因为一件事情大喊大叫，你做了你能做的一切，但他还是不听话，你无法让生气的情绪消失，情绪来了就是来了。

卡伦·霍妮表示，当我们发现自己无能为力时，我们的内心就会变得脆弱、卑微，并为此感到羞耻、恐惧。为了抵抗这种对脆弱与卑微的恐惧，我们便想追求"报复性的胜利"。现代社会的竞争日趋激烈，这也让我们更加迫切地想要证明自己，在这个过程中，我们的内心越来越难以平静。

具备讨好型特质的人就是这样，他们经历了很多觉察、反思、尝试，但还是不断地掉进坑里，一次次对自己愤怒，一次次恨自己无能为力。

许多拥有讨好型人格的人，甚至会因为自己的能力不足以让别人开心而懊恼。这也是恐惧自己无能为力的一种表现。

对自身无能的愤怒反映的是对失控的恐惧。

如果可以驾驭自己的恐惧，又何必讨好别人？

一些人失恋后会不断翻看对方社交媒体里的信息，明明知道，即使双方和好，也是伤害自己或相互伤害，但就是忍不住想和对方联系。

"忍不住"是对自己思念之苦的无能为力。

这些情绪当然需要被我们看见，如果选择性地忽略它们，那么你会发现，真正的踏实感始终无法到来，真实的力量也无法住进自己内心。

成为真实的自我，意味着我们要承认自己的需求，承认我们对他人的需要，以及对失去他人的恐惧。唯有如此，我们才能找回内在的力量。

看见你的希望与爱

如果你还在挑剔自己，我要先恭喜你，至少你对自己还有希望。但是，如果你过度挑剔自己，那么你有可能正在以伤害自己的方式熄灭自己的希望。

事实上，如果我们用心去看一件事情，就总能发现藏在它背后的积极的愿望。每个讨好行为的背后一定有需要你去维护的、你认为更重要的东西。这就是我们要看到的。

接下来，你会看到不同的故事，我会阐述我对它们的理解。在这些故事里，我们能看到当事人的艰难，更能看到他们的英勇，因为，所有行为背后都有希望在。

正是因为不想一拍两散，才和对方妥协。

正是因为太恐惧关系破裂，才会暂时委屈自己。

正是因为对自己的无能为力感到羞耻，才要求自己把一切都做好，让别人无可挑剔。

人们奋力保护的是一个个生存下来的希望、爱的希望。

人类是需要情感连接的。每个人都生活在关系里，没有人可以脱离关系而完全独立存在。

关系必然包含爱。爱有多重要？如果说，食物满足了人们身体的需求，那么爱就满足了人们情感的需求。没有爱，人的心灵之湖就会干涸。

来找我做心理咨询的人，无一例外，都想被爱，也想去爱。

我想，不仅仅是他们，所有人的内心都需要被爱、被回应、被看见。

武志红老师曾说："自我成长，与真爱，总是互为镜像。当你越是成为自己，爱越容易出现，爱累积越多，你越容易成为自己。"

而这一切都可以先从爱上不完美的、动态的、成长中的自己开始。

看向自己的内心，就是在给予自己爱；看见自己的痛苦，就是在爱自己；对自己的感觉更好一些，对自己的无能为力更包容一些，就是在爱自己；看到动态成长的自己，看到自己的坚强与努力，看到自己的局限与脆弱，也是在爱自己。

人是不可能不改变的。随着社会的变迁、年龄的增长、经历的事情变多，我们都会改变。当我们有能力爱一个动态的自己时，我们才有能力给予他人更高级和稳定的爱，从而更舒适地享受爱与被爱的关系。

怀着这种心情和内在生命力所做的一切，都可以让你更好地活着——有尊严，体面，有爱，有希望。

现在开始我们的心灵之旅，准备好，我们一起前行。

练 习

本次及以后的练习都会涉及书写疗愈，所以你需要一支笔、一个本子，为连续性地书写一些文字做准备。希望你能准备一个专门的本子书写记录。

我建议你把本书当作一个工具来使用，如果你的时间允许，可以每天读一小节，然后配合当节的练习来连接疗愈的力量。做完整本书的练习大概需要一个月。

特别要提醒大家，做练习的过程中，安全是第一要义。任何时候感到不舒服，就要停下来评估一下，自己是不是还能继续。不能的话，就停止练习，等到自己感觉可以的时候再继续；也可以进入我在下文提到的安全基地，补充养料，在保证自己安全的基础上深入情感体验。不要着急，慢就是真正的快。

我建议每一位想要做这个练习的读者朋友都先来做一个内在安全基地的练习。文中这些练习在未来，你既可以经常练习，也可以在书写的过程中遇到难受的情绪反应需要休息及情绪补养时，随时回到这个安全基地。

现在你需要 15~30 分钟不被打扰的时间。这是你给自己的宠爱，而你值得这样的照顾。

- 找一个安静的地方，保持舒服的姿势，无论坐着还是躺着，我们将用深呼吸帮助自己慢慢放松下来。

  闭上眼睛，通常我们会从吸气开始，有意识地把吸气和呼气变得深一些，长一些，再深一些，直到你的极限。

  吸气——呼气——

- 继续保持你的呼吸，你将能够注意到吸入和呼出的气体经过自己鼻腔和咽腔的感觉，以及胸腹部的扩张和收缩。
- 将呼吸变得缓慢和轻柔，渐渐地，你的身体也会跟着放松下来。接下来，请慢慢地将你的意识从纷繁的外在转移到你的内在。把那些还没有做完的事情暂时放一放，你可以安心地与自己待在一起。

- 此刻，在你的内心找一个安全的地方，这个地方使你感到非常的放松、舒适和信任。这个地方只有你一个人能够进入，你也可以随时离开。

　　如果你找到了，看看这是一个什么样的地方。这个地方，你可以按照自己想要的方式布置，你还可以带上你喜欢的，可以为你提供滋养的物件。它们都可以陪伴你。

　　我们把这个地方称为内在的安全基地。如果在寻找安全基地的过程中出现了不舒服的画面或感受，请允许它存在，同时继续聚焦你的目标，你只是需要找到能让你感觉到美好、舒适、安全，能给你带来滋养的地方。

　　有的人可能很快找到内在的安全基地，有的人可能需要花的时间久一点，这些都可以。

　　当你能够连接那个安全基地，花一些时间，感受它的存在，你可以在里面做任何你想做的事情，从那里获得滋养和力量。

　　如果你的安全基地绝对安全，就请你用自己的身体设计一个特殊的动作，做这个动作，你就可以随时回到这个安全基地。

　　结束你的这个动作，平静一下，慢慢地睁开眼睛，回到自己所在的空间，回到现实世界中。

　　当你在接下来的练习里遇到困难和痛苦的时候，就可以用你的身体做出这个动作，进入你的内在安全基地，从而重新获得放松和平静。

现在，请记住你的这个安全基地，带着这个安全的感觉，我邀请你给自己写一封信，内容是接下来的30天，你将怎样好好对待自己。这是一个开始的仪式，也是对自己的愿景和承诺。

等一等，慢慢感受，确认那些话发自肺腑。

不必在乎文笔是否优美，你只需让内心的话像水一样流出来。字数可多可少，写完后，读一读这封信。

第二章

恐惧与焦虑：被放大的死亡威胁

拥有讨好型人格特质的人最常见的情感体验是焦虑，这一点我相信很多人会产生共鸣。**习惯讨好的人，时时刻刻处在焦虑中。**

焦虑是一种怎样的感觉呢？心慌气躁，做什么事情都不踏实，着急紧张，容易冲动，犹如热锅上的蚂蚁，被强烈的焦灼感煎熬，使人想要逃离。但对人而言，**只要活着，就会焦虑。**

往大一点儿说，人总会受到各种死亡的威胁；往小一点儿说，生活中无法避免的失控、挫败，都会让一个容易焦虑的人更加焦虑。

卡伦·霍妮表示，人的基本焦虑源于安全感的缺失。

没有安全感，就总想做点什么，在某种程度上缓解安全感缺失带来的痛苦。所以，我们可以这么说，**焦虑的人活在未来，**

他们当下的任务是专心致志地担心未来。

他们在为未来焦虑的时候，往往会错过很多当下的风景。就算是明白了会错过，也依然想逃离，对他们来说，停留在当下太焦虑了，这种感觉太痛苦了。

一个姑娘说，她一见到上司就非常紧张。要是上司心情好，对她笑，她就会安心；要是上司不高兴，耷拉着个脸，她就如坐针毡，没有办法专心做当下的事，总忍不住想昨天发生了什么，是不是自己做得不够好，还是自己不小心惹上司不开心了。

她就这样活在担心里，猜测上司不高兴的原因，想用最快的速度做出应对，讨上司欢心。

可想而知，太过焦虑、过度担忧会让人精力分散，工作也很容易出差错。而一旦出错，她就更紧张，更想把事情做好，但结果往往更糟糕。她本想通过把事情做得更好换一个安心，结果天天都在担心。

每个人都体验过焦虑。**一般性的焦虑，可以通过意识层面的了解消除**。比如，一个人身体不舒服，担心得了什么可怕的病，就去医院检查。检查结果出来后，他发现自己没什么大毛病，只要注意饮食、睡眠充足、合理锻炼、安排好生活，就不会有什么大问题。

这种焦虑不会给人带来压倒性的影响，反而可以提醒人更好地照顾自己。

但为什么有的人检查之后，还是非常焦虑，明知结果正常却仍然疑神疑鬼？

如果从理性角度分析某件事情与内心真正认可、接受某件事情之间出现断层，那么意味着还有**更深层次的东西没有被意识到，没能被表达出来**。

我问那个害怕上司的姑娘："你这么紧张，看起来好像在战斗，你觉得是吗？"

她说："好像是有点儿。"

我又问："如果这是一场战斗，就意味着有很大的危险，有敌我双方。那么，你觉得你的上司很危险吗？"

她说："其实，从理性角度分析，我知道他没那么可怕，也不会把我怎样，但我就是害怕他那张脸，觉得他像魔鬼一样，我要时刻防备着。嗯，好像在公司里，我不只害怕上司，哪怕是普通同事，我也害怕，为了让他们满意，我总是做很多额外的事情。"

让人们焦虑的深层原因是恐惧，越恐惧越焦虑。

讨好者为什么会恐惧？因为力量悬殊。

讨好者总觉得自己是弱小的、是无能为力的，而对方是强大的，其地位稳固，很难动摇。

讨好者内心有一个惊恐的小孩。超级讨好者的内心是一个极其惊恐的小孩。为了保护这个小孩，讨好者会使出浑身解数，只要有一线希望，他们就不会放弃。

有的恐惧说得清楚，比如，"如果我不讨好他，他就会惩罚我，一直纠缠我，甚至报复我"。而有的恐惧可能无法言说。通常，说不出来的恐惧级别更高，影响程度也更大，所产生的焦虑也更强。

一些焦虑是外显的，就像那个害怕上司的姑娘；也有一些焦虑会转化成身体上的症状，这是为了应对恐惧。

一个女孩曾经这样向我描述她体验到的恐惧，那是一个梦。梦里的她在奔跑，身后有个带着黑色面纱的"鬼"在追她，最可怕的是，那个"鬼"的手中还拿着一把剪刀。后来，她被逼到一个角落，那把剪刀架在她的脖子上，她处在生死攸关的时刻。

她被吓醒了。

当时，她想换一份自己喜欢的工作，可家里人不同意，也不高兴。换工作的强烈意愿，让她觉得很危险，她认为自己没有听家里人的话，不是一个好孩子。

我听到这个梦时也感觉惊悚。

这个女孩看上去比较平静，我很难察觉她内心深处的剧烈震荡。但显然，这个梦已经把她对不听家人的话的恐惧表达得淋漓尽致。梦中的她离死亡很近。

几乎所有恐惧都指向一个方向——死亡。但并不是每个人都能体验到这个部分。

就像这个做梦的女孩，她的意识层面连接不上恐惧，只有在梦里，恐惧才会浮现。绝大多数人的无意识会对深层的死亡恐惧进行防御。

凡是和死亡连接的，我们的无意识都会想办法阻拦，因为如果真的让这个恐惧暴露出来，自我有可能会碎掉。

我们的无意识把这一恐惧留在身边，牢牢看管，即死亡恐惧被压抑至无意识的最深处。有时候，自己也无法理解自己做的事情，但那一刻的确那么做了，比如，无意识地讨好。

自己明明很恐惧，却迎上去，热情地猜测对方喜欢什么。似乎只要能取悦对方，自己的恐惧就会减弱。在整个过程中，讨好者几乎没有思考，遵循自动化的反应模式。

恐惧就像一个幕后操盘手，催促着人在不清不楚的情况下做出很多让他人满意的事情。如果讨好的目的是减轻恐惧，那么这个目的似乎达到了。但为什么还有那么多讨好者在痛苦呢？

显然，减轻恐惧不是终极目的。讨好行为换来的恐惧的削减，只是暂时的。

上司高兴了、家人高兴了，我们的恐惧就减弱了。但是，他们总有不高兴的时候，有时他们脸色一变，我们心里的警示灯就又亮了。就像看到起火了，得打起十二分精神应对。

只要警示灯灭了，恐惧就又回到了原来的水平。就好像有观察员在值班，一旦有异样，就会再次报警。但长此以往，精力被大量消耗，我们觉得自己越来越脆弱，越来越难应付。

讨好者基本伴有敏感性心理特质，外界发生各种情况后，引发其心理反应的阈值极低；他们擅长察言观色，对任何风吹草动都恨不得立即给出反应。

如果去了解讨好者的故事，你会发现，他们在很小的时候，就建立了这样的行为方式。比如，在一些经济负担沉重的家庭中，看到父母愁眉苦脸，孩子不仅不哭闹，甚至会主动扮可爱，让父母尽可能放松。

为了让父母高兴，孩子会倾向于发展讨好的特质。

对死的恐惧及对生的渴望，令人类发展出适应非常条件的重要技能。要在恐惧中生存，人类就需要发展出适应环境的能力。

敏感是这样的能力之一。

因为敏感，你可能比别人更快地做出反应，但也很有可能，因为过度敏感，做出过度的反应。

前面我讲过，恐惧的程度影响焦虑的反应，而焦虑的程度影响外在反应。

不停地做让别人高兴的事，也是焦虑的反应之一。这种行为体现了人内心深深的恐惧。

但你有没有想过，这些恐惧是真实的吗？如果不这么做，会怎样？

你可能会毫不犹豫地说："当然是真实的啊！我真切地感到恐惧扑面而来。如果我不听那些人的话，不把事情安排好、做完美，如果我不乖巧懂事……无法想象啊！不这么做，我会死掉！"

现在我要对你说："你的情绪是真实的，那一刻真的存在着你无法想象却笼罩着你的恐惧。"

但你说："不这么做，我会死掉！"

这是真的吗？它有没有可能是一种放大了的死亡威胁，像影子一样跟着你？

准确地说，你感受到的恐惧只是让你觉得自己会死，不是你真的会死，或者说，你不一定会死。

这可能会挑战你的常见认知。

在我十几年临床心理咨询生涯里，我发现，很多时候，我们都是在与信念和幻想工作。

很多人一开始非常顽固地坚持自己的想法，认为他人不理解自己的痛苦。

随着咨询的深入，一些情感被消化，人们这才有机会重新审视自己的信念："我不这么做，就会死吗？"

当一个人坚定不移地认为"不这样做，自己会死"时，没有什么能拦住他，让他不这么想。人会本能地自救，这无可厚非。

如果原来的行为模式经常困扰你，让你痛苦不堪，那么你也许可以试着用开放的心态问自己："不去讨好别人，我会死吗？"

我知道这样做不容易，但它值得你去做。

恐惧与焦虑，是我们的祖先为了适应环境而发展出来的原始、本能的情绪体验，这其中当然有一些积极意义，比如它们促使我们回避危险、勇于进取、积极探索、不断创造。

但过度的恐惧与焦虑会让我们忘掉真实的自己，疲于应付外在的矛盾和冲突，从而压抑我们人格核心的自主性与创造性，而这恰恰是我们最有生命力的部分。

当我们不再疲于应付内在的恐惧与焦虑时，就会发现：生命中有更多美好的事、更丰富的可能、更大的意义，在等着自己去探索和体验。

请准备 15~30 分钟不被打扰的时间。这是你给自己的宠爱，而你值得这样的照顾。

● 找一个安静的地方，保持舒服的姿势，无论坐着还是躺着，我们将用深呼吸帮助自己慢慢放松下来。

　　闭上眼睛，通常我们会从吸气开始，有意识地把吸气和呼气变得深一些，长一些，再深一些，直到你的极限。

　　吸气——呼气——

● 继续保持你的呼吸，你将能够注意到吸入和呼出的气体经过自己鼻腔和咽腔的感觉，以及胸腹部的扩张和收缩。

● 将呼吸变得缓慢和轻柔，渐渐地，你的身体也会跟着放松下来。接下来，请慢慢地将你的意识从纷繁的外在转移到你的内在。把那些还没有做完的事情暂时放一放，你可以安心地与自己待在一起。

● 请你继续保持缓慢而轻柔的呼吸，并同时保持与内在的连接。

　　试着思考这样一个问题："你对恐惧和焦虑的体验是怎样的？"

用一些词、短语或一段话将它们描述出来。

如果你想对你的恐惧和焦虑说几句话，那是什么话？你的恐惧和焦虑会怎样回应你？请写下这些句子。想到后就停下来，把刚刚感受到的、想到的写在你的本子上，你也可以把它读出来。

在这个过程中，如果你感觉到明显不适，请随时停下来，确认一下，是否还可以继续。你可以做一点其他事情转移一下注意力，或者进入自己的安全基地，在那里补充养料后，觉得自己可以，再继续。你也可以找一个可靠安全的人，陪着你做这个练习。

第三章

羞耻与委屈：求求你看看我，我很好

羞耻和委屈也很难被触碰。如果你还没有看到自己的羞耻和委屈，那么不要责怪自己。

我听过很多女孩为了喜欢的男孩投入大量的时间和金钱，最后却被男孩甩了的故事。在这种关系中，女孩是以讨好为主要行为模式的。

女孩享受这段关系吗？一定有享受的部分。不然，她为什么会为那个男孩投入大把的时间和金钱啊。她享受被那个男孩所爱的感觉。但这种感觉好像不是从男孩那里获得的，而是用她的各种付出交换来的。

爱情无法用金钱买到。不仅买不到，还有很大概率要花费高昂的时间成本、人力成本、情感成本。

若情感的流动不是发自内心，那么彼此的关系就会出现让人不享受的部分。

当女孩觉得自己必须靠给男孩花钱才能让男孩高兴，他才能陪自己玩耍，甚至爱自己时，意味着女孩已经把自己的位置放低了，呈现一种卑微感。这种卑微感里含有对自己的蔑视，也含有对他人蔑视自己的担心。

一味地满足、讨好对方，对方就容易变成对你施加情感暴力的"渣男"，但他们不想离开，因为他们既可以花你的钱，又不需要给你你想要的爱。在关系日益亲近的时候，女孩的委屈会增多，不知什么时候，就会发脾气。但男孩可不吃这一套，他们打心底里看不起这样的女孩，也不会真正尊重她们。

一个女孩对我讲过这种感觉。她和男孩最终还是没有走到一起，原因是她发了几次火后，男孩说："你怎么不是我之前认识的那个样子了？那时候你从不发火。"

看到这里，你可能会有一些情绪涌现吧。男孩的情况我们就不分析了，我们回到女孩的角度来。

我问她："那你有什么感觉？"

她说："我觉得很羞耻。我花钱，一片真心地对他，原来在他眼里，我压根儿就不是一个正常人。他认为，我应该是没有负面情绪的人。他说话的语气，真让我受不了。他说'你怎么变了呢'。我非常痛苦。在这段关系里，我不计成本地投入，尽可能让他高兴。好多次，我确实不高兴，却也压住了自己的火气。现在，我压不住了，才发现他原来是这样看我的。"

女孩受不了的是，男孩不接受她真实的样子。这对她而言就像巨大的羞辱。她想起，这么多年来，自己在一段又一段亲密关系里努力换取尊重和爱，但每一次都失败了。

她非常难过，那一刻，她很想说："我只想让你看看我，我很好。我真的很好。"

在她的成长过程里，被接纳的体验太少，以至于她总认为是自己不够好，所以父母才不喜欢自己，她要变得非常好，让他们喜欢。

她回忆和父亲的相处，父亲总会用一种嫌恶的眼神和语气否定她、打压她，这让她感觉自己非常糟糕，甚至一度产生这样的想法：既然父亲这么不喜欢她，为什么同意母亲将她生下来呢？

当男孩对她说她之前不是这样时，这种感觉再次出现了，一种强烈的羞耻感扑面而来。

"为什么我要活着啊？为什么我要被这样看待啊？是我不努力吗？是我的错吗？好难过啊，心痛的感觉仿佛要把我活在世上的最后一抹念想都带走，那一刻，我真的感觉生无可恋。"

从一定程度而言，恐惧和焦虑源自生存的本能。女孩经历不被接纳的挫败后，压在心底的羞耻感迅速弥漫开来，仿佛最后一点儿保持尊严的衣服都被扯掉了，剩下一个伤痕累累、可怜的自己裸露着。

人们常说生命最宝贵，但有一些人，觉得尊严比生命更宝贵。

一再丧失尊严的女孩一直在关系里努力，希望借此获得一直想要的被他人接纳的感觉。

在她与男孩的关系中，也许她觉得安全一些了，就发了火，没想到命运给她的反馈这么残忍。

她没有得到她想要的爱，也没有得到她想要的接纳。男孩的评论就像父亲当年嫌恶的眼神一样，让她体无完肤，颜面无存。

她只是想证明"我真的很好"，就像一个小女孩在内心哀求冷酷的父亲："求你，看看我，喜欢我。"

想起自己为家庭做的一切努力——给家里钱、供养弟妹、买房子，她的钱几乎都花在除自己以外的别人身上。她觉得非常委屈，她想表达的无非是："你看，我真的很好，你能不能爱我？"

可是，她一次又一次地跌倒，一次又一次地难过委屈，她问自己："我为什么要做这么多啊？"听着她的讲述，我也感到非常悲伤。

"爱一个人，为他低到尘埃里。"亲密关系里的讨好包含那么深的羞耻与渴望，压抑了那么多真实的情感与需求。当对方猝不及防地说"再见，你不是我想要的那个人"，之前所有的热情都被冰冻了，仿佛被置于海底冰川，再也无人问津。

委屈与羞耻就像一对孪生姐妹，但很多人不容易感觉到羞耻，比较容易感到委屈。

一个人在关系里有付出感和牺牲感时很容易体验到委屈。就像这个故事里的女孩，她小时候没有得到很好的照顾，父母对待她的方式一度让她怀疑活着的价值和意义。但她放弃自己的感受、想法和意志，不断牺牲自己的利益，几乎毫无保留地回报自己的家庭，只是为了获得一处容身之地。

她说，在自己有能力去外面求学时，她选了离家乡比较远的城市，她想过逃离，本以为自己已经逃离了做讨好者的魔咒，没想到几次恋爱就将她打回了原形。

一个人若没完成亲密关系的功课，那么他会在其他亲密关系里寻找新的改变机会。

这个改变，通常是从重复开始的。就像故事里的女孩，她在几次恋爱经历中，都在复制同样的关系模式，她每次都会受伤、愤怒、难过，恨不得立刻终止关系、远离这样的痛苦。这都是改变中的一环。

如果你愿意努力，就会发现，痛苦带给我们的除了消极的感受，还有一种虚幻的"希望"。就像飞蛾，明知可能性命不保，为什么还要扑火？当然是因为，那里有"希望"。

我问那些在股市里亏得一塌糊涂的朋友："你都亏这么多了，为什么还不撤呢？"他们普遍会说："因为有希望啊！谁知道什么时候，我又赚回来了呢！"

这种心理与一些人处理亲密关系时的心理是一样的。每一个奋不顾身的人，内心都有一个希望。他们活在自我编织的幻想中，不肯勇敢地凝视现实。

仅仅重复苦难，是没有得救的机会的。心理学家西格蒙德·弗洛伊德（Sigmund Freud）在 1920 年发表的论文《超越快乐原则》中提出了"强迫性重复"的概念。所谓"强迫性重复"，即我们为了给自我治愈创造条件，会制造创伤情境使自己反复体验相同的创伤，通过体验让自己"麻木"，或者期望自己或对方在这一次重复中能有不一样的表现，从而修复这种创伤。

没有觉察，没有反思，人就会继续在"希望"中重复这些痛苦。

有些人慢慢适应了这种痛苦，有了"麻木"的感觉；还有些人虽然痛苦，却一直在继续这种模式，直到这种模式非常明显地影响生活和工作，痛苦也达到一定程度时，他们才想要寻求改变。

只有从过往的经历中反思，在当下的痛苦中警醒，才能看穿虚幻的"希望"，真正地突破"强迫性重复"。

有些人会特别喜欢责怪这些痛苦，大概是因为他们还没有从痛苦中进行清醒的觉察。

试想，如果这个女孩在经历第一段、第二段感情时，就有所觉察（我们的关系里发生了什么？为什么我会这样对待他？他又为什么会那样对待我），那么，她极有可能面对另一种情形，在遇到一段新的关系时，她会更加慎重，自己受到伤害的可能性就会减少一些。

生活不会辜负善于思考和觉察的勇者。

那些重复了几次同样的痛苦，仍然没有太大变化的朋友，可能是因为他们内在的力量还不够强大，没有准备好面对更深层的疼痛。

越是深层的痛苦，越容易让人体验到羞耻与无力。

英国心理治疗师伊米·洛（Imi Lo）表示："羞耻感是不自信的表现，在潜意识里我们会认为自己能力不足，总觉得有一种不配得感，认为别人一旦了解真实的自己，就会拒绝自己、离开自己，因而压抑真实的自己，活在委屈之中。"

如果任由羞耻感过度贬低那个真实的自我，那么人就会变得畏缩与自卑，生命的活力就会被扼杀。同时，压抑的背后又会有破坏性的补偿和发泄，而那股破坏性的能量，恰恰是受伤的自己制造的。

　　人的羞耻感在一定程度上推动了人类文明的发展，但过于强烈的羞耻感，其实是因为没有把自己当人，觉得人应该完美，而这是不可能的。我们应该正确看待自己的羞耻感，承认自己有做不到的事情、有控制不了的事情，这是正常的；我们会感到羞耻，这也是很正常的，因为羞耻感也是人类感受的一部分。

　　请尊重我们生命中的羞耻与无能为力，也请尊重已经出现的委屈及各种情感。我们是人，会有人的脆弱，不要过度责备自己，同时相信我们具备人类这个物种所具备的伟大的勇敢。

　　看见自己的勇敢，即使一次又一次踩坑，也一次又一次爬起来继续往前，这就是生命的力量。

　　我对每一粒生命的种子保持敬畏，我相信，每一个生命都在为自己的美好未来而努力。

练 习

　　请准备 15~30 分钟不被打扰的时间。这是你给自己的宠爱，而你值得这样的照顾。

　　当你宠爱自己时，你将变得宁静富足。

- 找一个安静的地方，保持舒服的姿势，无论坐着还是躺着，我们将用深呼吸帮助自己慢慢地放松下来。

　　闭上眼睛，通常我们会从吸气开始，有意识地把吸气和呼气变得深一些，长一些，再深一些，直到你的极限。

　　吸气——呼气——

- 继续保持你的呼吸，你将能够注意到吸入和呼出的气体经过自己鼻腔和咽腔的感觉，以及胸腹部的扩张和收缩。

- 将呼吸变得缓慢和轻柔，渐渐地，你的身体也会跟着放松下来。接下来，请慢慢地将你的意识从纷繁的外在转移到你的内在。把那些还没有做完的事情暂时放一放，你可以安心地与自己待在一起。

- 请你继续保持缓慢而轻柔的呼吸，并同时保持与自己的连接。现在我们将注意聚焦在下面的内容上。

你有过哪些羞耻和委屈的体验？那是一种怎样的感觉？

试着去感受，花一些时间，慢慢地让这些感觉和你相遇。**如果你可以与羞耻和委屈有一个对话，你会对它们说什么？你觉得它们会怎样回应你？**

写下这些过程，写下你的故事。

在这个过程中，如果你感觉到明显不适，请随时停下来确认一下，是否还可以继续。你可以做一点其他事情转移一下注意力或者进入自己的安全基地，在那里补充养料后，觉得自己可行，再继续。

第四章

愤怒与内疚：我做了这么多，你得满足我

讨好者看起来总是和颜悦色的，人们一般不容易察觉他们的愤怒与内疚，有时甚至连他们自己也察觉不到。

讨好者对愤怒的感受，一般不会在一开始时就出现。这种体验的反应相对滞后，你也可以把它理解为"隐匿"，因为它很微弱，不容易被感受。而讨好者一开始在关系里也不会表现出自己的愤怒，在他们看来，表达愤怒是一件特别冒险的事。

心理学家詹妮弗·莱纳（Jennifer Reiner）指出："在令人紧张害怕的情况下，愤怒是一种合适的情绪，愤怒不是坏事，事实上，愤怒比恐惧对人的健康更有利。"

但很多人都认为愤怒是不好的。在人际关系里，对愤怒这种感受的偏见也导致人们容易被评价，也容易在无意识间去评判他人。

讨好者对评价极其敏感，他们会尽量避免愤怒，但这种情绪并不容易被控制，因为人若习惯了讨好，他们的愤怒就常以很被动的方式被表现出来。这常见于以道德作为优势砝码的讨好者。

1947 年，弗洛姆写下了他的重要作品《为自己的人》(*Man for Himself*, 1947)。在这部作品中，弗洛姆认为，每个人都要将自己当作优先照顾的对象，唯有将自己安顿好，对别人的付出才可能无所求。

许多讨好者在付出时，其实是没有把自己安顿好的，这也意味着，那种"我只为你好"的无所求，其实是一种隐匿的虚假状态，其背后一定有所求，只是有时候他们自己也不清楚在求什么。

许多交换都是在无意识中进行的。

讨好者追求完美的背后可能是要交换些什么：我做得让你无可挑剔，你就没有资格说我，即"你不可以评价我"，甚至还有可能借此贬低关系中的另一方，以这种让自己感到优越的方式攻击对方。

一些亲密关系中的人会觉得自己很不好，尤其是在对方事事做得很好时。而一个人如果总是觉得自己不好，自然容易生气。

这种不好的感觉带来的是一种破碎性体验，也可以理解为对自己的一种否定，一种非常难以忍受的情感体验。

与讨好者关系密切的人，会有一些不同程度的愤怒。这听起来有点儿匪夷所思。我为此询问过一些夫妻。

一位丈夫说："我之所以生她的气，是因为她对我做的一切都含有一种隐蔽的要求。如果我不按照她希望的那样回报她，她就会做出令我更生气的事情。"

我问他："那么，你觉得怎样的状态会让你们彼此都比较舒服？"

这位丈夫说："就是简单一点儿，能做多少是多少，不一定要做那么多、那么完美。也不要老是因为她多做了一点儿，我就要回报她。"

在这里，我们不去分析丈夫的行为，但从他的反馈看，他感到自己被强迫了，他非常不喜欢这种被强迫的感觉。

一个人因为另一个人生气，可以这么理解：一种是，他为自己无力处理这些事而生气；另一种是，别人让他生气。你没听错，这位妻子很有可能就是要让她的丈夫生气。

安娜·弗洛伊德曾提出这样一种心理防御机制：**分裂和投射性认同**。意思是，当人们感到难以忍受的痛苦时，他们会把痛苦分裂出来，再投射出去。如果痛苦被另一个人接住，并且呈现痛苦的反应，那么投射痛苦的人就不会感觉痛苦了，他们会认为，痛苦是别人的，自己没有。

在上述例子中，丈夫感到愤怒，有他自己的原因，也很有可能是他认同了妻子投射出来的愤怒。那么，丈夫表达了妻子的愤怒，对妻子有好处吗？显然是有的。既然妻子不用表达自己的愤怒，也就不用担心表达愤怒会使丈夫不高兴，从而使自己陷入焦虑。

比较可悲的是，这样做其实会伤害他们的关系。妻子会认为自己没有被好好对待，进而对这段关系感到更加失望和愤怒。

如果妻子能够意识到自己的愤怒，并且愿意"照顾"自己的愤怒，那么，这个卡在他们之间的障碍，就有机会被移开。

除了一开始的隐形愤怒，在关系达到一定程度、双方越来越熟悉之后，有的讨好者会表达自己的不满。此时，他们可能对关系愈发失望，觉得自己做了那么多事，却没有得到想要的，他们内心感到痛苦，甚至绝望。

他们时常在心里问："你为什么这样？你为什么不能对我好一点儿？你为什么要伤害我？"

这里，既有对别人对待自己的方式的愤怒，也有对自己无能为力的愤怒。

他们因自己以这样的方式待在关系里而愤怒，因自己会依赖对方而愤怒。

爱而不得的痛苦，深深地刺痛着他们的心。愤怒里有火焰，也有泪水。

有些人表达愤怒后，亲密关系反而会好转，这是因为**连接到愤怒时，讨好者本身的情感开始流动，伴侣有机会感觉到真实的他们，反而愿意与之一起面对遇到的困难**。这样的伴侣难能可贵，可以极大限度地帮助讨好者修复关系创伤。

而有些讨好者表达了愤怒后，情况会变得更加糟糕，对方可能变本加厉地争吵，又或者冷漠视之，甚至可能暴力相待。

这正是讨好者最害怕的情境，也是他们一直苦苦压抑自己愤怒的原因。

这样的伴侣在人格层面上存在缺失，如果继续对其寄予希望，则很可能让自己受苦。

讨好者的亲密关系中，也包含深深的内疚。

关于内疚，我将分两点来谈：一是讨好者让别人内疚；二是讨好者让自己内疚。

英国著名的客体关系大师梅兰妮·克莱因（Melanie Klein）认为，内疚源于个体内心深处爱恨交织的痛苦。一个人若伤害了自己所爱之人，他会感到痛苦，而这种痛苦，很有可能源于有意识或无意识的恨。

惯常讨好的人在关系里很有可能付出得特别多，因而把自己弄得非常辛苦、疲惫，而关系里的另一方则可能感到内疚，好像是自己伤害了讨好的一方。内疚会阻止他攻击讨好者。

　　我们可以看到，让别人内疚有一个"好处"，就是内疚的人很可能会手下留情。比如，他们会想："你做了这么多，我怎么能伤害你呢？你都这么辛苦了，我还有什么好要求你的呢？"虽然这会让讨好者感觉自己的处境安全了一些，但是，这段关系也仍无法让人全然放心，对方还是有可能伤到自己。

　　不过，伴侣因内疚而生出的愤怒，很有可能会摧毁讨好者苦苦想要留住的和谐。也可以说，讨好者用过度牺牲自己的方式，最终伤害了自己。

　　讨好者的内疚是很隐蔽的。内疚和羞耻一样，都是指向自己的刀，一点儿一点儿切入肌肤，每一秒都疼痛。

　　因为内疚去讨好，其中有一种强烈的补偿心态。为什么要补偿？因为在内疚之前，愤怒已经登场，并且愤怒是携敌意一并登场的。

　　讨好者会认为这种敌意伤害了对方。当一个人把对方当作敌人时，就很容易在相处时感觉到危险，也很容易唤起心中的攻击冲动——有些是已经发生的显性攻击。比如，说一些过分的话；有些则是隐性的，即没在外部世界表现出来的攻击，只是在无意识层面认为自己攻击了对方。不管攻击有没有真实发生，讨好者都会认为，自己的念头、行为伤害了对方，而因此产生内疚。

内疚催生了补偿，这一方面可以让人继续在道德层面占据高地（"你看，我对你多好"）；另一方面，补偿的时候，内疚会被掩盖，人们就可以不用感觉内疚。

在亲子关系中，这种由讨好者转为补偿者的模式，非常常见。比如母亲会要求自己满足孩子的各种需求，不一定是因为她有多么爱这个孩子，而是因为她需要感觉到自己是一个"好母亲"。这种时候，敌意就隐约存在了。母亲在这段关系里"有所求"，就是让孩子认为她是一个"好母亲"。

这个愿望使她无法向孩子展示自己不够好的一面，也不能接受孩子向她反馈他们关系中不够好的一面。这时，关系便承担了额外的压力，因为当这个母亲全力付出，却得不到所求的认同时，便会转而以显性攻击的方式表达自己的愤怒，比如，吼孩子，甚至打孩子。但在打骂的同时，母亲也开始内疚，觉得不能这样伤害孩子，于是又开始补偿孩子。接着继续愤怒，继续敌对，继续讨好，周而复始。

很多内疚的人意识不到自己的敌意，但内疚和敌意就像黑夜和白天，既不能相见，又没有分离。

如果你总感觉自己欠了别人，忍不住要去补偿，但在补偿后，很快又想逃离这段关系，那么我建议你想一想，是不是有一种叫作内疚的情感在心底涌动。

　　如果我们能够意识到自己是因为敌意而内疚，因内疚而补偿，又因过度补偿而再度引起愤怒和敌意，那么这个讨好的链条就有可能断开。

　　愤怒与内疚，是关系里的两种破坏性力量，前者是直接性的、外显的，后者则是间接性的、内隐的。

　　破坏性的力量总是让人畏惧，以至于很多人总想逃开，又因为总也逃不掉，才出现各种纠缠。

　　不过我们也不用太担心，亚里士多德曾说："勇敢乃自信与害怕的中间之道。这些情绪看起来让人恐惧，其实它们的背后是受伤的、柔软脆弱的部分。"此刻你看到这些文字，就说明你的内心已经在勇敢地准备了。了解这些感受是做出改变的必要准备，难受是因为触碰到了往日压抑的情感。它们探出了头，既是给我们压力，也是在呼唤我们不要再忽视那个脆弱的部分。

　　改变并不容易，但非常值得。我们一生都在经历成长，若此刻没有准备好，就再花一些时间，不用太着急。在所有准备中，自我的准备最重要。只要自己决定面对，决定开始，就会产生强大的力量，改变就会慢慢发生。

练 习

　　请准备 15~30 分钟不被打扰的时间。这是你给自己的宠爱，而你值得这样的照顾。

　　这是宠爱自己的时间，让我们一起来照顾自己的心灵。

- 找一个安静的地方，保持舒服的姿势，无论坐着还是躺着，我们将用深呼吸帮助自己慢慢地放松下来。

　　闭上眼睛，我们会从吸气开始，有意识地把吸气和呼气变得深一些，长一些，再深一些，直到你的极限。

　　吸气——呼气——

- 继续保持你的呼吸，你将能够注意到吸入和呼出的气体经过自己鼻腔和咽腔的感觉，以及胸腹部的扩张和收缩。
- 将呼吸变得缓慢和轻柔，渐渐地，你的身体也会跟着放松下来。接下来，请慢慢地将你的意识从纷繁的外在转移到你的内在。把那些还没有做完的事情暂时放一放，你可以安心地与自己待在一起。
- 请你继续保持缓慢而轻柔的呼吸，并同时保持与内在的连接，慢慢地将注意力聚焦在今天的书写内容上。

愤怒和内疚在你那里是怎样的体验？对于它们，你有什么样的感受？发生了怎样的故事？

找到内心与这些感觉的连接，开始你的书写，读一读自己书写的内容。

如果你和你的愤怒和内疚有一个对话，你会对它们说什么？它们会给你怎样的回应？你可以再次写下你的感受。

在这个过程中，如果你感觉到明显不适，请随时停下来确认一下，是否还可以继续。你可以做一点其他事情转移一下注意力或者进入自己的安全基地，在那里补充养料后，觉得自己可行，再继续。

第五章

悲伤与无力：不必苦求丢失的爱

一位女士曾经向我咨询了五年，最开始是电话咨询，我曾提出视频咨询，因为电话沟通能够捕捉到的信息太少，但是那位女士坚持使用电话。

后来我才知道，这是因为她不想让我看到她哭。在她的记忆里，哭是一种禁忌，自己不可以在别人面前哭，不可以表达自己不好的情绪。

她很害怕别人评价她哭，她认为，哭是不好的行为，她担心我不接纳这样的哭泣。

但在她的成长过程中，有那么多的痛苦，她又怎么忍得住悲伤呢？

她说，以前她不知道自己还可以悲伤。因为家中最高权威——父亲，不准他们兄弟姐妹哭，有情绪也要马上憋回去。

时间久了，她好像养成了习惯。

现在长大了，她离开原生家庭，有了孩子，反倒开始流眼泪，开始进行心理咨询，才明白什么叫悲伤，才知道，作为一个人，自己有权力悲伤。

我请她形容悲伤的感觉。她说，就像一首悲伤的大提琴曲，从开始到结束，都是压抑的，有一种透不过气的闷痛感。仿佛有一条河，河中的每一滴水都在诉说着哀伤。

她说话的方式很诗意，我听她说这些，就像在读一本古老的书，遥远孤独，一如她的成长，把所有情绪都憋在自己的内在世界里。不哭不闹，不提要求，曾是她认为正确的生存方式。

她说："爸爸性格暴躁，又总是非常辛苦，在家里是绝对权威，我们都只有听他的，才能减少他发火的次数。

"若哪一次，他高兴，我们就像犯了错的臣民获得大赦。但这样的时候，太少了。而且他从来不对我们说鼓励和欣赏的话。

"小时候，同学和我讲他们的爸爸，有的爸爸非常有趣，有的爸爸很慷慨，他们看起来很爱自己的孩子，也愿意赞美孩子。同学们说的时候，两眼放光，我很羡慕，也非常想从自己的爸爸那里得到这些。

"但是我没有得到，不管我怎么努力，似乎都是徒劳的。我认为是自己不够好，所以他才不夸赞我。

"现在我慢慢明白了，可能爸爸就是那样的人，不苟言笑，也不会说赞美之词。

"我非常难过，因为当我还是一个小孩的时候，我真的希望能有这样的时刻——爸爸能用欣赏的眼神看着我。但是，没有。

"爸爸生不逢时，他一直都不快乐。他总是用很嫌恶的眼神看我。既然得不到夸赞，起码不要被嫌弃，我只希望他用平常的眼神看我。"

她对我这样说的时候，我感到她的卑微和无力，但更多的是弥漫式悲伤。

我记得，那天下午咨询结束后，我站在几十层高楼上的工作室的窗边，看着城市的夜色，一句话都不想说。我难以想象这位女士是怎么长大的。

这种感觉太沉重了，压得她快要窒息了。

她之所以决定做心理咨询，是因为尝试了很多方法，痛苦仍然没有减轻，她甚至一度想到了去死。[1]

她认为死了就不会这么痛苦、这么没有价值感了，死了就

---

[1] 要特别说明一点，人成长的方法有很多种，这里仅指这位女士的个人体会，不代表其他人。

不会这么渴望别人的关注与赞美了。当然，她最终没有这么做。

仅有的一点儿活下来的念想支撑着她寻求帮助，也许她说不出来的悲伤也给了她一些动力。

你可能会问，为什么悲伤会是一种动力呢？因为悲伤能帮你体验丧失感。

这位女士虽然极其痛苦，但是她的眼泪帮助了她。她觉得，莫名其妙地哭一场，哭完之后，感觉会好一些。

当然，因为她并没有真正理解自己哭泣的原因，所以，她总是想哭，却不知道为什么。而我的工作就是帮助她理解。

每一个孩子来到这个世界，都需要爱的呵护与滋养。但是，她兄弟姐妹多，父母根本照顾不过来，没有办法陪伴她。父亲是暴躁的，母亲是无力并且顺从父亲的。这意味着父亲和母亲都有缺陷。这种缺陷让她产生一种失去的感觉，即"我想要的没有来到我身边，现在在身边的这个不好，但我却要依赖它"。

很多人对父母有类似的感受："我总认为自己不是父母亲生的，不然他们怎么会那样对待我？要是我能找到自己的亲生父母就好了。"我想，有过这种感受和思考的人，对上述那种"失去的感觉"不会陌生。

孩子在成长之初，内心需要有完美父母作支撑，以此发展出信任感和安全感。

著名的客体关系大师唐纳德·温尼科特（Donald Winnicott）曾说："婴儿的脆弱，使他们不了解自己要通过努力才能活下去，他们需要的是母亲能够为他们提供近乎全能的生命体验。这在生命的前几个月尤其明显。"

如果父母带给婴儿最初的感受不那么美好，那么婴儿就会在自己的世界里幻想一对完美的父母。这从一定程度上弥补了现实中缺陷父母带来的丧失感。当这个部分的空洞被幻想填满时，丧失的无力感、空虚感，也会相应减轻。

很可悲的是，随着年龄的增长，当他们看到自己与父母很像时，美好父母的梦幻泡影就破灭了。如果他们能够正确面对这种破灭，就会得到巨大的成长。但很多人会卡在"没有好父母"的恐惧里，继续幻想，相当于在某个阶段陷入停滞。其外在表现是，抗拒面对现实，看不到现实的资源，分辨不了好坏。

讨好者就是用幻想的方式来抵抗内心的无力感的，这使他们无法真正看清与他们相处的人，也很有可能在其他关系里再次受到伤害。

我曾经问一位习惯讨好的姑娘："讨好别人时，你有什么感觉？"

她说："我恨自己，我觉得自己很轻贱，明明别人对我不怎么样，甚至有时还嫌弃我，但我就是情不自禁地去讨好他们。

"我感觉自己离不开他们，我一个人的时候，觉得自己是不存在的，我非常脆弱、非常无力。好像只有在讨好别人的时候，我才有了一点儿力气。我一直把希望寄托在对方身上，好像对方变了，我的无力感就会消失，但现实是，它始终都在。

"即便这样，我也做不到停止讨好，我太害怕面对这种无力感了。因为无力，我将自己的生死都寄托在另外一个人身上，就像一个瘫软的生物，直接黏在对方那里，试图用自己的妥协、付出、忍让换取一点儿生存空间，这是让人悲愤的。"

当你把自己命运的掌控权拱手让出、与他人共生时，你付出的代价就是，让对方决定你的生死。

讨好的人可能也顾不上这个代价，因为无力感已经笼罩了他，于是他幻想着只要跟有力量的人在一起，自己的弱就不见了，自己也变得有力量。

但我们知道，在这个租借来的力量感的背后，仍然是无力。

无力感强的人，最乐于为他人牺牲。

我想起一个电影情节。电影《无问西东》中许伯常和刘淑芬，女方供男方读大学，男方承诺一辈子对她好，但男方毕业后悔婚，女方以死相逼。二人结婚后，常常上演"女方歇斯底里，男方极致冷漠"的戏码，最后女方投井自尽。这二人及其关系都受到重创。

刘淑芬这样的无力者一心想通过自己的牺牲换取对方的爱，但对方根本不爱她，就算和她在一起，也只是为了减轻内疚。

马斯洛表示，一个人若不重视自我喜悦的体验，而总是选择"得到他人认可的选项"，最终将无法体会何谓喜悦。

罗洛·梅（Rollo May）也有过类似说法：一个人倘若一味遵从表面的要求，恐怕连获得幸福的力量也都抛弃了。

一个人给自己的最大礼物是爱自己、尊重自己。

人内心的觉醒是由痛苦推动的。一个社会文明的发展，其实也可以说是由痛苦推动的。

如果看到痛苦的价值，痛苦会变成礼物；如果忽略它的价值，总是逃避它，那么它就只是痛苦，并且会累加。

面对自己的悲伤与丧失，不是一件容易的事。这似乎意味着，你必须承认，你就是有不好的父母、有不好的伴侣关系。这是对自恋的挑战（这里说的自恋指人们自我感觉的良好程度）。

极其自恋的人非常不愿意接受这样的"真相"（当然，这可能只是真相之一）："我怎么能有这样的'坏父母'呢？我不接受这个结果，即便我的父母不完美，我也一定会在其他关系里找到这种完美。"

这就陷入了一种偏执状态，潜台词是："我认为这个世界上一定有完美父母，只要努力，就能找到。"但是，世上没有完美父母。

偏执状态的好处之一就是不用面对丧失感，不用去悲伤，这种状态下的人感受更多的是愤怒。要想真正摆脱悲伤，就要看见自己的丧失，这是必要的。

悲伤与无力常常相伴而生。请你学会用温柔的、不带评价的、关怀的态度，接纳自己的悲伤与无力，告诉自己："虽然世界不是完美的，我也不是完美的，但这并不意味着我没有为自己争取快乐与幸福的能力。"

请你相信，接纳悲伤与无力的能力能给你一种令自己难以置信的解放——你无须再掉入紧张、沮丧、挫败的情绪中，也不会再忘了自己是谁，不会强迫自己追求不属于自己的东西，你可以重新调整自己，记起那些真正对你重要的事情，比如，你的思想，你的兴趣，你的朋友、亲人，你的希望。

练 习

请准备 15~30 分钟不被打扰的时间。这是宠爱的时间，让我们一起来照顾自己的心灵。

- 找一个安静的地方，保持舒服的姿势，无论坐着还是躺着，我们将用深呼吸帮助自己慢慢地放松下来。

  闭上眼睛，通常我们会从吸气开始，有意识地把吸气和呼气变得深一些，长一些，再深一些，直到你的极限。

  吸气——呼气——

- 继续保持你的呼吸，你将能够注意到吸入和呼出的气体经过自己鼻腔和咽腔的感觉，以及胸腹部的扩张和收缩。
- 将呼吸变得缓慢和轻柔，渐渐地，你的身体也会跟着放松下来。接下来，请慢慢地将你的意识从纷繁的外在转移到你的内在。把那些还没有做完的事情暂时放一放，你可以安心地与自己待在一起。
- 请你继续保持缓慢而轻柔的呼吸，并同时保持与自己内在的连接。现在我们将注意力聚焦在本次的书写内容上。

你有过悲伤和无力的体验吗？那是怎样的感觉？发生了什么样的故事？

试着去感受，当你的内心出现一些画面和词语时，就可以开始书写了。

如果你要与自己的悲伤和无力来一场温柔的对话，你会对它们说什么？它们会怎样回应你？

在这个过程中，如果你感觉到明显不适，请随时停下来确认一下，是否还可以继续。你可以做一点其他事情转移一下注意力或者进入自己的安全基地，在那里补充养料后，觉得自己可行，再继续。

第六章

孤独与空虚：用牺牲换取虚假的温暖

如果说前一组情绪是沉重的，那么这一组则有轻盈、缥缈的色彩，无形无影，抓不到，握不住，没有办法贴近，又好像到处都是。

讨好者的孤独与空虚也是非常隐性的。与他人在一起时，他们会掩饰自己的落寞。他们与大家一起狂欢，说着体面或俗套的话，因为想要融入集体、让大家喜欢，所以他们的孤独与空虚不那么容易浮现。

但是，当灯灭人散，回到安静的家，回到独处的状态时，讨好者的孤独与空虚感就像空气一样弥漫开来。有个女孩曾对我讲述，她每次接到朋友的邀请，都会毫不犹豫地答应，在聚会中，她全程想的都是说什么话才得体、怎么讲会让对方高兴。

通常聚会进行到一半，她就要支撑不住了，想要离开。这时，她会听见恐惧的声音："如果你不留下来和朋友在一起，你就会被抛弃。"

最初，她不假思索地答应邀约，是因为孤独、想和朋友玩，但是，防御状态下的讨好让她筋疲力尽。但如果中途离场，她又担心朋友会扫兴，以后不想和她一起玩了。

所以她先放弃自己想休息的愿望，坚持到聚会结束。接下来，可能是长达一周的缓冲期。其实，她特别憎恨自己，愤怒自己为什么要有这样的需求，愤怒自己的无能为力。

关系带来的消耗感，使她越来越抗拒参加这样的聚会，甚至开始讨厌聚会中的每一个人，觉得他们的一举一动、一言一语，都是对她的挑战。

某种敌意和拒绝在关系里不断发酵。她不再主动和朋友一起玩，而她的朋友也逐渐不想约她出去玩了，最后他们的关系就这样变淡了。她的生活重新归于寂静。

我问她："这是你想要的吗？"

她说："有一些是的，比如，我终于不用再去讨好他们，可是我又觉得很孤单，好像离所有人都远了，我把自己封闭了起来。我并不那么享受一个人的时光，我觉得一个人待着很难熬，到处都没人，冷冰冰的；走到哪里，好像都是漆黑一片。难受的时候，我特别喜欢吃东西，让自己吃得饱饱的，这样我就可以得到安慰。我还喜欢很多的毛绒公仔，让它们软软地环绕着我，这样我会感觉好一些。"

卡伦·霍妮表示，孤独是最开始接触别人时，表现出来的一种矛盾态度，是一种最基本的冲突。这种孤独让我们与他人保持距离，并且以为这样可以平息内心的冲突。

这个女孩小时候，父母都很忙，他们好像一直在各自的世界里忙碌，没有人专心地好好陪伴她。

在她的记忆里，自己经常被送到亲戚家。再大一些，放学回家，她最想看见的是自己家的窗户里亮着灯光。

当她在家门口等啊等，等到天黑，父母才回来的时候，她觉得自己一点儿也不重要。

现在她长大了，父母老了，他们经常待在家里，反倒是她不想靠近父母了。她晚上睡觉要开着灯，有灯光陪伴才睡得着。

她曾经描述自己做的一个梦：她在很大、很黑的地方，那里又低又矮，却怎么爬都爬不出去；那里什么都没有，除了自己和黑暗；那里像一座坟墓，让人恐惧却又无法逃离。

也许她早就不对父母抱有什么期待了，她只想一个人挣扎，但她的力量太微弱了。

快乐的人能够与身边的很多人和事发生连接，并且享受这种连接。这个女孩显然很难感觉到快乐，她时常感到空虚。

之所以会感到空虚，是因为她的内心没有爱的入住，不热闹，也不丰盛，空虚带来的匮乏感让她在关系里很容易就牺牲自己，讨好他人，以此换取虚假的温暖。

这就像透支使用银行信用卡的额度，只是一种暂时的缓冲，真正的空虚并没有解决。

当虚假的温暖没有办法继续支撑她，甚至越来越令她失望的时候，她又发展出新的方式，即在难受的时候吃很多东西，以此获得充盈感。但身体是经不起暴饮暴食的。

同样，她很喜欢毛绒公仔，那是母亲的象征，在她心里，那些公仔可以陪伴她。虽然这样的陪伴在某些时候缓解了痛苦，但因为她仍旧抗拒和人建立真正的连接，所以内心的孤独感还是不断浮现，折磨着她。

这个女孩与人亲近的需求被长期压抑了，一开始是被父母压抑，后面则是被自己的惯性无意识地压抑。她忽略了自己内在与人建立连接的渴望，也忘了去连接自己的内在。

最深的孤独，是和自己的内在世界失去了连接。连接的纽带，最早握在父母的手里，孩子天然地渴望连接。

高质量的婴儿与照顾者的关系（通常是母婴关系）会为婴儿提供一座桥梁，帮助他们发展自己与内在世界的连接。

在这个阶段，如果一个孩子得到很好的回应、照顾，那么他就会觉得自己是非常珍贵的，是被爱的，这样的孩子会有一种稳稳立在大地上的感觉。

即便在逐渐长大的过程中受到一些挫折，因为有良好的母婴关系做底色，他也能消化挫折，并不会切断和自己内在的连接。

如果早期发展遭受了巨大挫折，这时，人会产生孤独的早期体验。孩子会撤回对父母的信任，切断和自己内在的连接，同时将这份信任和期待转向外界。

从他人那里寻找爱，是一种寻找安慰的方式，这点在讨好者身上非常常见。

与父母连接失败的痛苦经验，会极大地影响孩子建立最初的关系，因此，他们更容易被那些和自己父母特质比较像的人吸引。

讨好者渴望从这样的人那里获得爱，以抵消内在孤独的痛苦。但这样的方式是危险的，因为讨好者很容易遇到剥削者，就是我们常说的"渣男""渣女"。

这种关系当然会有很多失衡之处。在一次次尝试连接又一次次挫败失望后，讨好者可能会越来越孤独，但是他们内心被爱和被照顾的渴望不会消失，只要有一丁点儿希望，他们就会再次奋不顾身。有人会因为对方给自己的一丁点儿好，而尽力回报，甚至以身相许，并认为这就是爱。

一旦这段关系变淡，讨好者内心就会出现巨大的空洞，即我在前文提及的空虚感。这个叫作孤独的空洞，非常难以填满，需要很多很多的爱、很多很多的理解和支持。

如果一个人能够找到情感流动比较顺畅，同时内在相对稳定的伴侣，那么他的孤独和空虚感将有机会被很好地疗愈。

在我的经验里，不少人遇到优秀的配偶后，关系质量会得到很大的改善，但仍有一部分孤独难以疗愈，这导致他们不得不面对那种终极疼痛：在我还是个婴儿的时候，我没有被那样爱过。

这并不是说一定要疗愈孤独。哲学家们总说，人都是孤独的。我相信在某个维度上，人是孤独的，但我说的这种孤独，**是早期的一种创伤，它带给人的体验刻骨铭心且令人绝望。**

我相信，通过觉察、认识、拓展并构建新的关系，这部分绝望有机会被看见，这就有可能被疗愈。

当一个孩子真正被爱的目光凝视，从他人的眼睛里看到自己的美好时，内在连接的通道打开了，由此建立一种"我与你"的关系，并经由这段关系，建立"我与自己"的关系。此时，孤独就会被转化为一种力量，一种可以陪伴自己的力量。

再来说说另一种可怕的孤独。

生活中从来不缺乏令人惋惜的故事。看看那些故事的主角，我们就会发现，他们对人几乎没有分辨能力，只想要爱。以至于对方伤害他们了，他们也不想离开；即使暂时离开了，也会卑微地回来。

　　我曾经问一些故事的主角，为什么要这样？无一例外，他们都提到一种痛苦："太孤单了，没有人和我在一起，感觉自己就是在熬。"

　　"我知道他对我并不好，但是他在的时候，我感觉好受一些。这个不怎么好的关系，总比没有强。"

　　"当我一个人的时候，我的内心是空的，总感觉自己是一个被遗弃的孩子，没有人搭理。我真的害怕这种感觉，我想要逃开。没有了和他人的关系，我连自己是谁都不知道。我也不知道我在哪里、有什么参照物。"

　　对他们来说，没有和他人的连接，自己就不存在了。一段关系就像一个容器，即便是一个糟糕的容器，好歹也是一个容器。

　　人有一个空间，就有了基本的归属感。这个空间在自己作为一个主体的人时才能存在。若没有了和他人的关系，这个空间就不复存在。这时，人既没有与外在建立关系，也没有与自己的内在建立关系，即没有"我与你"，也没有"我与自己"，他的自我就像灵魂的碎片，在世界里飘浮，无法聚拢，周围全是孤独。

孤单是一种分离的感觉，孤单唤起的被遗弃感，让人感觉自己非常不重要、没有价值。两个人在一起时是一种融合的感觉，也可以理解为共生的感觉。这个感觉没有你我之分，你的就是我的，我的也是你的。**人在脆弱的时候，共生会带给人力量感、希望感。**

对融合的渴望及融合带来的益处，让很多讨好者忽略了长期过度融合的一些弊端。比如，关系里的另外一方可能并没有真正尊重自己，可能还在伤害自己，但是，若非很大程度的伤害，否则讨好者是不会轻易结束这段关系的。

这种情况更加悲哀。一个人忍受关系带来的伤害，以此换取另一个人的不离开。

但是，这种不离开也只是一时的。

因为在讨好与被讨好关系里，被讨好者很容易厌倦被讨好的感觉，他们内心的施虐倾向有可能被唤醒。这样，讨好者与被讨好者就发展成了受虐与施虐的关系模式。

孤独与空虚是很深层的匮乏感。我们会选择过度付出来填补这种匮乏，因为我们内在有一个信念："我付出得越多，对方就越依赖我，我就越不可能被抛弃。"我们非常希望对方填补自己缺乏的爱，于是选择了打"安全牌"——用付出来留住对方。

说到这里，可能很多人会感到绝望和无力。如果你此刻有这样的感受，那很正常，因为人都是有情感的。如果你一整天甚至好多天都被这种情绪环绕，那么很可能是因为内心多多少少有一些讨好、付出的导火索被点燃了。此时，重要的是稳住自己，不要被那种强烈的感受影响，我们需要慢慢发展一个观察者的视角，来观察自己此刻有什么感受、引发了自己怎样的思考。

产生某种感受时，不要过于紧张。我们是人，一定会有各种各样的感受。感受是一个路径，我们要给自己机会去使用它、了解它。当我们与这种感受产生连接，同时又不被其吞没时，我们就能通过它找到真正的出口。

练 习

欢迎你来到本次练习。我们已经了解了关于讨好情感的反应，也许你对此有了新的看法和态度，并踏上了成长之旅，也许你仍有很多困惑，甚至有了更多困惑，这些都很正常，没有好坏对错之分，所有的情绪情感都是生命中的体验，不妨试着欢迎它们。

现在，你同样需要 15~30 分钟不被打扰的时间。

让我们一起来照顾自己的心灵。

- 找一个安静的地方，保持舒服的姿势，无论坐着还是躺着，我们将用深呼吸帮助自己慢慢地放松下来。

  闭上眼睛，通常我们会从吸气开始，有意识地把吸气和呼气变得深一些，长一些，再深一些，直到你的极限。

  吸气——呼气——

- 继续保持你的呼吸，你将能够注意到吸入和呼出的气体经过自己鼻腔和咽腔的感觉，以及胸腹部的扩张和收缩。
- 将呼吸变得缓慢而轻柔，渐渐地，你的身体也会跟着放松下来。接下来，请慢慢地将你的意识从纷繁的外在转移到你的内在。此时，如果有一些念头过来打扰你，你可以请它们暂时待在一旁，你可以安心地与自己待在一起。
- 继续保持深呼吸，现在我们将注意力聚焦在本次的书写内容上。

你有过孤独、空虚的状况吗？那是怎样的体验？有哪些事情发生了？

只是想到它，感受它，然后写下来，不做任何评判。

如果你要与自己的孤独和空虚来一场温柔的对话，你会对它们说什么？它们会怎样回应你？你可以继续写下来。

在这个过程中，如果你感觉到明显不适，请随时停下来，确认一下，是否还可以继续。你可以做一点其他事情转移一下注意力或者进入自己的安全基地，在那里补充养料后，觉得自己可以，再继续。你也可以找一个可靠安全的人，陪着你做这个练习。

第二部分

TWO

思维篇
思考与觉察，读懂关系
中的 5 组逻辑

不 再 讨 好

第七章

讨好模式的损失与获益

在这一章，我们需要动用一些思维和想象来理解讨好的特点。

我将和你分享一些与讨好型人格特征相关的行为模式、思维逻辑，以及什么样的家庭环境会成为讨好型人格发展的温床。对于告别讨好模式来说，深入了解这些思维相当重要，可以说，它与深入了解情绪感受一样重要。

当我们了解为什么我们会有那样的感受和反应，以及反应背后的幻想和逻辑后，就有机会找到我们限制性的观念，并针对这个部分进行突破。

我认为，没有无缘无故的讨好。一个生命，如果可以有尊严地活着，那么他不会采取卑微的方式生活。讨好行为的背后必然有很多理由，我们可以多去理解这种行为背后的迫不得已。

同样要看到的是，如果一种行为模式被反复实践，那么实践者一定能从中获益。很多人一看到"讨好"这个词，就认为讨好者是受害者，然后迅速代入受害者的思维模式，进而可能进入误区，认为所有责任都要由别人来担负。一旦这样，我们就无法从多维的层面看到关系中的问题，也会增加自己改变所花费的时间。

事实上，任何一段关系的建立，都是两边或多边力量的合谋。

接下来，我们看看讨好模式对一个人的影响，我将谈到这种"合谋关系"的损失与获益。

损失之一：自我的出让。

关系中只要有讨好行为，就会有位置的高低，有力量的强弱。脆弱的一方在讨好时会压抑自己的愿望和需求，一味地以他人为主。而且，在大多数情况下，他们无法意识到自己在讨好别人。所以，我们首先需要了解讨好行为背后的动机和观念。

一位姑娘对我说，她开始与一个人交往时，总是非常热情，非常贴心，很容易注意到对方需要什么，自己的所有心思都在对方身上。但关系维系了一段时间后，她感到特别疲惫，好像不是在为自己而活，而是在为别人而活。

这也对应了损失之二：精力的消耗。

你是否有过这样的疑惑："我是在为谁而活？"

如果你是在为自己而活，你做的一切事情，将会是有力量、有希望的；如果你是在为他人而活，那么你就出让了自我，变得没有根基，只能依附别人，把对希望和快乐的需求寄托在别人身上。

我们细细想一下，你真的是在为别人而活吗？其实不是，你是在为你的恐惧而活。你害怕别人的评价，所以你想表现得好一点儿，以此获得正面评价。

比如，你很懂事，对方很喜欢你懂事，还夸你懂事。你这样做是因为对方需要你懂事吗？有可能是你需要别人夸你懂事，只有这样，你的恐惧感才可能减弱。即便别人需要你懂事，你就一定要去做懂事的人吗？为什么你会这么做呢？这些都非常值得思考。

两个损失也对应了讨好者的两种获益。

讨好模式的获益之一：得到关系中对方的认可。

出让自我是为了保护自己，但这其实也是在伤害自己。你在削弱自己的力量、获得保护的同时，让自己变得更"小"了。这也有获益，自己变小、变弱，容易使对方放松警惕，唤起对方的同情心，使自己远离危险。

渴望获得好的评价是因为讨好者内心存在空洞，他们对自己的评价过低，总感觉自己不够好。当自身力量不够的时候，人自然想从外界获取力量。

习惯讨好的人，看到别人眼中的赞赏，得到"你很好，你很棒"的反馈，就觉得自己做这一切都是值得的。这是因为讨好者内心匮乏，有一直想要却总也得不到的东西。

在平等的人际关系中获得的赞赏，是对人的一种滋养，能带来发自内心的喜欢。但当双方处于不平等的地位时，赞赏就像讨好者的救命稻草。对讨好者而言，没有了认可，他们就要活不下去了。

绝大多数情况下的不平等，是讨好者将自己放在了较低的位置上，有时候对方根本没有这种想法，但因为他们没有给讨好者想要的认可和反馈，这也令讨好者对这段关系失望，甚至想要主动放弃这段关系。

讨好者会继续寻找认可自己的关系，因为认可对他来说太重要了。

即便有风险，讨好者仍然愿意下这个赌注，并且义无反顾地投入。内心空洞对他们来说有多么痛苦，他们就会冒多大的风险，去争取对方的认同。

当你越来越清晰地看见这个"关系认可"模式时，你可以去审视自己的位置："我在哪里？我这样做过吗？"这非常重要，只有觉察到了，才有机会打破原有模式，建立新的关系模式。

讨好模式的获益之二：获得控制感，消除内心恐惧。

因为经常体验到自身的弱小，讨好者经常会有一种失控感，觉得外在世界变化无常，自己能控制的实在少之又少。

每一个人都需要控制感。

婴儿最初是需要依赖照顾者的帮助，才获得控制感的。比如，想要吃奶，哭出来，大人听到了就会给他喂奶，他吃到奶了，需要满足了，就获得了一种世界是他可控制的体验感，这也是内心一种我能的体验。

再大一些后，我们的肌肉逐步强健，能够做很多动作——跑跳、打滚、舞蹈等，身体的发育增强了我们对它的控制能力，身体变得更加灵活有力。

内心的控制与身体控制的发展是同步的，身体的控制感会增强内心的控制感，这也是安全感的一部分。重病患者不能照顾自己，他的感觉糟糕透了；生活能够自理的患者可以自我照顾，没有失去对身体的掌控感，其内心的失控感就不会太明显。

内心的控制感也源于人对自己情绪的掌控程度。

小孩要慢慢学习并了解自己的情绪，就像了解大自然、自己的身体一样，要学习与情绪共处。真正的掌控，不是消灭了某个情绪，而是情绪来了，我们知道怎么应对。

讨好者的内心住着一个惊恐的小孩。他没有从父母那里学会怎样应对危险和恐惧，只学会了用讨好达成目的。比如，他害怕父母的生气呵斥，突然有一次父母发现他乖巧顺从的时候，就会高兴。一高兴，父母就会和颜悦色，他的恐惧也会减轻，于是他的内心就形成了这样一个理解，乖巧可以帮助自己应对内心的恐惧，让自己有一种控制感。

当一个人知道怎么做可以得到自己想要的东西，也知道怎样让别人按照自己的需要给予反馈时，他的控制感就会增强。内心控制感的增强，也会带来安全感，这和身体的控制感增强一样，也是讨好者愿意继续采取讨好行为的动力之一。

发展这样的控制感具有积极作用，但我们要明白，这个控制感同样存在危险，危险之处在于它是几乎完全寄托在别人身上的。你没有办法决定对方怎么看你，即便你做得再好，对方也有很大可能不按照你期待的来反应，就算他现在按照你的期待给你反馈，未来也未必会一直如此。

所以，这种控制感的基础是空的、不扎实的。这就是很多讨好者做了让对方满意的事，也还是不踏实的原因。

真正的控制感源于自己的内心，是对自己深深的接纳。

做到这点实在不容易。讨好者正是因为不喜欢自己、抗拒自己，才把对自己的接纳寄托在别人身上，期待别人能够给予好的回应，让自己感觉被接纳。

讨好者最害怕失去关系，建立关系可以说是讨好者的终极目的。讨好者做的一切都是为了得到爱、留住爱、证明自己被人爱。

但因为内心存在深深的卑微感、渺小感，即便有人对讨好者说"你很好"，他们也很难相信这是真的，有时甚至会本能地排斥，使关系变得疏远。

他们对关系中另一方的排斥，是不知道该如何表达亲密，是爱而不得的痛苦呈现。

讨好者陷入了一个困境：关系太近了，他会排斥；关系太远了，他会感觉不到关系的存在，好像什么都抓不住。

对讨好者来说，这是最令他们害怕的，也是最糟糕的结果，他们一直在尽力避免。

有些讨好者在关系中付出了所有，却没有得到尊重及珍惜，为此，他们会暴怒，甚至会绝望，失去关系带来的幻灭感和孤独感几乎可以摧毁他们活下去的希望。

没有无缘无故的讨好。

了解了讨好模式的获益，你就会明白，讨好者坚持讨好他人是有理由的，是有强烈动力的；与此同时，我们也看到讨好行为怎样保护了讨好者内心脆弱的部分。

这将帮助我们深刻地理解自己，也为日后突破这个模式做好准备。

练 习

这是思维篇的第一次练习。请你为自己的坚持鼓掌，你值得鼓励！

不受打扰的时间和空间准备好了吗？

这是宠爱的时间，让我们一起来照顾自己的心灵。

- 找一个安静的地方，保持舒服的姿势，无论坐着还是躺着，我们将用深呼吸帮助自己慢慢地放松下来。

  通常我们会从吸气开始，有意识地把吸气和呼气变得深一些，长一些，再深一些，直到你的极限。

  吸气——呼气——

- 继续保持你的呼吸，你将能够注意到吸入和呼出的气体经过自己鼻腔和咽腔的感觉，以及胸腹部的扩张和收缩。

- 将呼吸变得缓慢而轻柔，渐渐地，你的身体也会跟着放松下来。接下来，请慢慢地将你的意识从纷繁的外在转移到你的内在。此时，如果有一些念头过来打扰你，你可以请它们暂时待在一旁，你可以安心地与自己待在一起。

- 请你继续保持缓慢而轻柔地呼吸，并同时保持与自己内在的连接。慢慢地将注意力聚焦在本次的书写内容上。

这一章提到讨好模式的损失与获益，你经历过吗？你还有其他关于这些内容的体会吗？

写下自己的这些体会和发现。

第八章

迎合与顺从：如果你高兴，我就是可爱的

　　行为方式与其内在逻辑相匹配，又和内在的情绪感受联系在一起，讨好行为也不例外。

　　在这部分接下来的章节里，我会分享讨好的几种常见思维逻辑，它们与前面讲到的情绪感受相对应。

　　迎合与顺从几乎是所有讨好者最常使用的策略。这是最简单也最方便好用的策略。

　　我曾经收到一位用户的留言："我小时候，爸爸的脾气很差，经常吼我。我不敢和他说话，更不敢向他撒娇。还记得学校老师说要交班费，我不敢向他要，内心一直纠结，直到交费的最后期限，实在没有办法了，我才战战兢兢地向他要钱。小时候的我是如此害怕父亲，我太弱小了，只能讨好父亲。

　　"我不敢发出自己的声音，只能顺从父亲。这也导致我从小就活在恐惧、紧张之中。现在我也经常为了讨好别人，脸上挂着笑容。为什么？为什么我要讨好别人呢？这似乎成了我的习惯。我明明已经长大了，没有什么好害怕的，我要表达自己的情绪和想法，活成真实的自己，宠爱自己，吃想吃的，去想去的地方游玩，活出精彩的自己。"

这条留言很形象地呈现了讨好者内心的恐惧。她已经在一次次的恐惧里学会了察言观色，学会了隐藏自己，因为这可以让她安心。但现在她不想再像以前那样活着了，那样太痛苦了。

还有一个女孩和我讲了她的故事。小时候，如果她做某件事没有满足父母的期望，父母就会生气发怒，还会冷落她，逼迫她按照他们的想法做事。对此，她感到非常恐惧。

但她发现，只要按照父母的期待去反应，父母就会很高兴。父母高兴了，发怒、不理她、给她脸色的时候就少了。这让她感到自己是可爱的，自己有能力使父母高兴。

她不断揣摩父母要什么，只要给了他们想要的，他们就高兴，她就不用再害怕了。

这个模式从她小时候一直延续到现在。她学会了各种讨好父母的技巧，其中最有用的就是听他们的话，他们说什么就是什么。

时间长了，她不知道自己的感觉是什么，不知道自己想要什么，整个人好像成了一部听话机器。对她来说，在过去很长一段时间里，她都把自己的意志抹去了，让自己感觉不到痛苦。

在强烈的情绪冲击之下，人们的内心是失控的。失控中，他们便会发展出一套思维，来解释自己的经历，获得对事情的控制感。

比如，孩子在父母面前很恐惧，在思维层面上，他会觉得一定是自己不够好、自己有问题，父母才会这么对自己。尤其是在他顺从父母之后，父母表现出特别高兴的样子，这会强化他对此的理解。"你看，我不听话，他吼我；我听话，他就会高兴；他高兴了，就不会吓到我了。"

这个逻辑帮助孩子理解事情，并且因为有父母的配合，也可以说是某些外在现实的配合，孩子对这个逻辑深信不疑。因此，他会一直按照这个逻辑行事。

接下来，我们看看这样的逻辑来自什么样的家庭。我相信你猜得到：迎合与顺从这组逻辑，常见于暴力型家庭。孩子在这样的家庭中，越恐惧，越顺从；越顺从，越恐惧。恐惧的感受是最让人心神难安的。**几乎所有的讨好者，都在遭受恐惧黑洞的侵扰。**

这个黑洞的原型可能是我们的父母。一个女孩向我讲述了她的经历。她说自己从小到大，几乎没有发过脾气，大人对她最大的印象就是：乖。她是一个特别会为别人着想的人，很多事情都想得特别周到，周围人也喜欢和她在一起。

邻居都夸她聪明又可爱，学习好又有礼貌。她不能理解为什么自己得到了这么多夸奖，却还是没有放松的感觉。和别人在一起时，她总是不自觉地跟着别人的节奏走，没有自己的喜好和坚持。她觉得越来越疲惫，越来越不想与人接触，越来越不快乐。

她的父母对她疼爱有加，基本上没有打过她，也没有骂过她。不过她说，她好像也没有什么好让父母挑剔的。一切看起来都很和谐，可是为什么这个女孩不想与人接触呢？直到我听到她的其他经历。

她有一个比她大5岁的哥哥，从小调皮捣蛋。爸爸脾气暴躁，妈妈性格温顺。爸爸对哥哥的管教非常严格，一旦哥哥在外面惹了事，回来一定会挨一顿打。她小时候放学回家经常看到这一幕上演。

我们想象一下，一个小女孩见到这样的场景会怎样？人的本能是害怕。女孩说，她记得当时内心冒出这样一句话："不要变成像哥哥这样的人。"为什么不要像哥哥这样？她不希望自己也被这样对待。

小小的她已经很清楚，淘气、有主张、敢说真话、敢做自己在自己的家庭里是不受欢迎、不被爱的。她害怕父母不喜欢自己，她觉得父母夸赞她、邻居喜欢她让她比较有安全感，她想继续享有这种感觉，于是，她不断地发展自己的讨好策略，在与任何人的关系里，都关注别人喜欢什么、不喜欢什么，然后迎合别人的标准。

自己被打和看到自己的亲哥哥被打，创伤程度是相同的。看到哥哥被打造成的后果甚至有可能更重。因为目睹暴力行径同样会唤起心中的恐惧，再加上担心自己也会被打，恐惧会进一步升级。

一个家庭里，如果有一个成员被暴力对待，那么在这个环境里的其他人同样也在被暴力对待。我的好朋友说自己的爸爸不打孩子，但是他打过他们的妈妈。

最要命的是，爸爸打妈妈的时候，几个孩子都在场。

他们听到玻璃杯摔碎的声音，看到爸爸拿起椅子朝妈妈砸过去，看到妈妈奋起反抗，却被打得更惨。她给我讲这些的时候，我的感觉就是一个字：冷。这个家一点儿温度都没有。

冷，就是恐惧。战战兢兢中，一场家庭闹剧落幕，孩子们在这场战争中看到了拳头的力量，知道服从会带来安全，知道温顺会让他们免遭毒打。他们兄弟姐妹几个都带有不同程度的讨好特征，总给人一种特别压抑的感觉。暴力的父亲以绝对的强势树立了自己的权威，却也让他的孩子们都活得唯唯诺诺。

还有一种暴力也很可怕，即冷暴力。父母和孩子生气了，就不理孩子，一冷就是一周，甚至两周、一个月。父母也有心情不好的时候，生气了可以单独待一会儿，这很正常。但长时间不理孩子，是对孩子的惩罚。

很多人有过这样的经历，惹妈妈生气了，第一反应就是道歉，不管是不是自己的错都道歉。我还听说过更加痛心的道歉方式——有的人会跪下来打自己，以此换取父母的原谅。这实在可怕，也让人气愤。

在孩子小的时候，父母和孩子力量悬殊，父母几乎决定着孩子的一切。孩子们的逻辑是：如果我不服从和讨好，那么我就难以让父母满意。

有些人认为，要让一个人听话，让他足够害怕就可以了。

在这样的家庭中成长起来的孩子，有些长成了乖顺的孩子，也有些成为倔强、冷漠，甚至残酷的人。他们为了达到目的，几乎使出了浑身解数。

现在我们认真想想，问问自己：让别人高兴了，自己就安全了吗？

弄明白这点很重要。

很多人都不愿意真正思考这个问题，这意味着要面对自己，还有那些面对带来的疼痛感、羞耻感。有些人确实也顺从他人过了一辈子，好像没有什么感觉，大概也不会想到要去思考。

但是，越来越多的人会认真对待自己的感受，会发现什么是不对劲的。时代正在不断向前发展，人的自我意识也在苏醒，社会环境也为这种苏醒提供了条件。人们会因为越来越难以忍受痛苦而思考留在一段关系中的意义是什么、自己是否要继续这样。

练 习

不受打扰的时间和空间准备好了吗？这是给自己的宠爱。每次我们都需要至少 15~30 分钟的时间。当我们和自己在一起、连接自己的内心时，我们会感觉更安宁。

- 找一个安静的地方，保持舒服的姿势，无论坐着还是躺着，动一动身体的各个关节、各处肌肉，找到最放松的状态。

我们会从吸气开始，有意识地把吸气和呼气变得深一些，长一些，再深一些，直到你的极限。

吸气——呼气——

- 继续保持呼吸，你将能够注意到吸入和呼出的气体经过自己鼻腔和咽腔的感觉，以及胸腹部的扩张和收缩。

- 将呼吸变得缓慢和轻柔，渐渐地，你的身体也会跟着放松下来。接下来，请慢慢地将你的意识从纷繁的外在转移到你的内在。此时，如果有一些念头过来打扰你，你可以请它们暂时待在一旁，你可以安心地与自己待在一起。

- 请你继续保持缓慢而轻柔地呼吸，并同时保持与自己的连接。慢慢地将注意力聚焦在今天的书写内容上。

这一章提到迎合与顺从，你有过类似的体验吗？你来自什么样的家庭？

深入体会，写下你在这个过程里感受到的、觉察到的、思考到的东西。写完之后，读一遍。允许一切感觉发生、流淌、存在。

第九章

进入与逃离：我不配拥有更好的生活

这里的进入，是指靠近一个人，进入一段关系。对关系的深度渴望，许多讨好者其实非常想靠近某人，与之建立某种关系，但往往一靠近，又像撞到什么似的，被弹得更远。

一位女性朋友和我讲过她的一次情感经历。她喜欢上一个男人，那个男人对她也有好感。她觉得自己像没了魂一样，老想黏着对方，想方设法地讨好对方，想时时刻刻和他在一起。

那个男人没钱了，她毫不犹豫地把钱拿出来给对方，眼巴巴地指望对方会因此多跟她聊聊天；只要那个男人没有及时回信息，她就非常不安。

但她又没把这些感受和渴望说出来，就这样过了一段时间，一个晚上，她等了几小时对方也没有回复她，她突然感到一种强烈的羞耻感——为了得到一个回应，她居然让自己如此卑微。

这种感觉让她懊悔不已，她特别恨自己："为什么我这么需要他的回应？我为什么要有这种渴望？"她紧紧地握住双手，直到双手抖动，她感到了一种渴望而不得的疼痛。

直到第二天，那个男人才回复她："为什么给我发了那么多信息？你难道不知道我在忙吗？怎么这么不懂事？"

这样的反馈让她几近崩溃，这则信息像一个巨浪一样打到她的身上。"难道是我不好吗？"她迅速陷入自责，觉得真的像这个男人说的那样，自己不体贴、不懂事。她觉得自己变成了男人眼中不乖巧的女人。她继续穷思竭虑，思考怎样做才能让这个男人满意。

这时，她仍然在出让自我，并继续在关系里卑微地讨好对方。她想要这个男人的回应，男人不给，她继续付出，继续失望，最后他们的关系越来越失衡，对方不回应的次数越来越多，她也越来越崩溃。

我问她："要是你不做他眼中懂事的小女人，会怎样？"

她想了想，说："那太可怕了。他一定会觉得我很不好，不会再喜欢我了。"

"然后会怎样？"

"如果他不喜欢我，我就会觉得自己非常没有价值，真的生不如死啊。"

"所以，你宁可牺牲自己，也要留在这段关系里。好像这样做可以换来'你觉得我好，我就好'的价值感。"

她沉默了，一直以来，她都过于主动，很多次为了对方的一个回复，等到懊悔不已。之前，这种感觉不明确也不强烈，但累积多了，才在那天晚上爆发了，结果又被对方一句"你不懂事"逼了回去。

她非常熟悉这种关系模式，以至于不觉得这有什么问题。她甚至认为，如果有问题，也是她一个人的问题。所以，她拼命地改、调整。

但是，那个男人好像并没有因此对她更好，反倒对她更漫不经心。

在更大的冲突爆发时，她终于清晰地看到：对她来说，靠近一个人是多么危险。一旦对一个人抱有期待，她就想要扑过去迎合对方，等待对方回馈的过程令她煎熬，直至焚烧了她自己。与其说她痛恨对方没有回应她，不如说她更痛恨自己为什么要有愿望和期待。

她不想被这样羞辱，害怕这种感觉卷土重来，她立志保护好自己，于是决定离开那个男人。

故事到这里当然没有结束，这个女性朋友在她的自我成长之路上仍然磕磕碰碰，好在，她越来越有力量了。她终于开始纠正自己内心深处的观点："我不够好，我不配得到一段关系，我靠近你，你就会苛责我。"

当一个人既不能改变他人又对自己的愿望无能为力时，就会攻击自己，比如怨自己为什么要有这样的愿望。就像我这位女性朋友一样。攻击自己显然比攻击别人安全多了。无助的人最容易攻击自己，当讨好者在关系里感到非常不安全时，就会把攻击的矛头指向自己。

在她的故事里，讨好者与被讨好者的关系是失衡的。被讨好者，即她的男朋友，以一种贬低、指责的方式对待她（讨好者），甚至会呵斥、辱骂她。这些都会唤起讨好者强烈的羞耻感，让她们觉得自己非常差劲。

回顾讨好者在这种关系模式中的成长经历，你会发现他们多数来自苛责型家庭。

在这样的家庭中，孩子没有尊重可言。不管孩子做什么，父母似乎都不满意，他们永远会说孩子这个没有做好，那个没有做好。父母用贬低的方式苛责孩子，孩子就会接受父母的贬低，认为自己是糟糕的、不优秀的，就更加希望父母能够认可自己、接纳自己。

苛责型家庭的家庭氛围是紧张的，每个人对犯错都超级敏感。因为父母习惯于指责，孩子会认为自己要为很多事情负责任。反过来，孩子也学会了指责他人、指责自己。每个家庭成员都没有空间来容纳自己的"不够好"。在他们看来，不够好就意味着羞耻，意味着不配拥有更好的生活。在这样的家庭中成长起来的孩子，会对自己特别严苛，他们要求自己必须完美，并以此讨好父母，希望可以让父母满意。

一个女孩说，父母对她做的每一件事都有要求：怎么拿筷子、怎么用纸巾，连坐姿都要反复矫正，只要发现她没有按照他们说的去做，他们就会用筷子敲她的手心。

当她好不容易完成父母的要求后，父母又开始把目光转向其他方面，比如，要求她穿什么样的鞋子，头发要扎成什么样子等。不管她怎么做，父母总能在她的身上找到不够完美的地方。

女孩对自己极其严苛，她像父母挑剔她一样挑剔自己，对自己永远不满意。她很想讨父母欢心，为此不断压抑自己，最后又用暴饮暴食攻击自己。

用一个"完美"的自己换取父母的接纳和认可，是讨好者一直以来的幻想且认为自己一定能做到。若对关系的体验非常糟糕，讨好者会希望被讨好者改变想法和做法。在这种幻想的驱使下，讨好者不但不会脱离这段关系，反而会继续处在这段关系里，期待自己的改变能够让对方满意。

并不是每一个讨好者都能从失衡的关系里走出来，能否走

出来取决于他们对改变对方的幻想有多深、多强烈。

有的人只需要经历一些小的疼痛就会做出改变和思考，但有的人需要很大程度的疼痛刺激。遗憾的是，只有极少数父母会发生改变，大多数父母一辈子都看不见自己孩子的内心需求，也不认可、不接纳孩子。

如果一个孩子渴望父母接纳、认可的愿望一直未被满足，那么在他成年之后，其内心需求就会被投放到伴侣关系、工作关系甚至亲子关系里。

但在每一段关系里，这些人都是紧张的，因为在每段关系中似乎都有一个严苛的人在等着他。他必须一直努力，一直上进，一直完美，直到自己再也跑不动、精力耗尽为止。

有时候，讨好者会无意识地被一个人吸引，殊不知，一旦进入关系，他们就跳入了让自己变得卑微的陷阱。这个陷阱有可能是对方和讨好者一起制造的，也有可能是讨好者自己制造的，因为他们会想方设法换取对方的喜欢、认可。

人一旦把自己的位置放得比较低，就有可能被羞辱，像小孩一样脆弱无助。若不想被羞辱，就要学会以成年人的姿态，与他人平等相处。

很多讨好者寻求成长和帮助，是因为他们觉得自己在关系里无力承受，需要寻求突破。这当然是不容易的，这意味着他们要去面对内心深处不愿意被触碰的伤痛。

但是，直面痛苦、幻想，是改变自己的第一步。

让父辈做出改变很难。也就是说，作为子女，我们幻想父母能改变，给我们一个认可、鼓励或道歉，其实是很难的。我们要认清现实。如果父母不改变，我们还可以做什么？

我们还可以同孩子一起实现二次成长。我们的孩子会比我们幸运得多，因为他们有愿意成长的父母——现在正在看书的你们。你们是最有机会改变的，这是对自己认真负责的态度，是送给自己改变的最好的礼物，也是送给孩子最美好的礼物。

练习

让我们习惯性地给自己更好的照顾与宠爱。

你同样需要准备 15~30 分钟不被打扰的时间。

和自己在一起，连接自己的内心，我们会感觉更安宁。

- 找一个安静的地方，保持舒服的姿势，无论坐着还是躺着，动一动身体的各个关节、各处肌肉，找到最放松的状态。

我们会从吸气开始，有意识地把吸气和呼气变得深一些，长一些，再深一些，直到你的极限。

吸气——呼气——

- 继续保持你的呼吸，你将能够注意到吸入和呼出的气体经过自己鼻腔和咽腔的感觉，以及胸腹部的扩张和收缩。
- 将呼吸变得缓慢而轻柔，渐渐地，你的身体也会跟着放松下来。接下来，请慢慢地将你的意识从纷繁的外在转移到你的内在。此时，如果有一些念头过来打扰你，你可以请它们暂时待在一旁，你可以安心地与自己待在一起。
- 请你继续保持缓慢而轻柔的呼吸，并同时保持与自己的连接，慢慢地将注意力聚焦在今天的书写内容上。

当你进入一段关系后，你在这段关系里感受到了什么？你会担心被对方苛责吗？你的担心是事实还是想象？你来自什么样的家庭？

写下这些思考。

第十章

付出与补偿：被苛责过，却一直过度付出

　　付出与补偿的逻辑是这样的：如果我对你付出，你就会给我爱；如果你没有给我爱，我就会心生不满和怒气，而这让我感觉伤害了你，我会内疚，于是开启补偿模式。过度付出太常见了，很多人在过度付出时连他自己都没有意识到。

　　如果你在关系中一开始总是很积极、充满能量、可以处理各种事情，而一段时间之后，你好像什么也做不了，沮丧至极，那么你可能已经经历了过度付出。

　　过度付出是以透支自己未来的生命活力为代价的。讨好者之所以拿自己的活力做赌注、冒风险，是因为他们相信，在他们用尽心思讨好的人那里，有他们想要的东西。而这个东西，很奢侈，很稀少，很难得到。那就是爱。

　　在关系里，讨好者一开始就把自己定位成卑微、弱小的存

在，觉得自己没有被爱的权利，要费尽心思从别人那里得到爱。

这种关系是带着愤怒的：若我通过委屈自己交换你的爱，我必然对你有很高的期待；我付出了这么多，你要给我我想要的东西。

那么对方有这种东西吗？可能有，也可能没有。就算有，对方愿意给吗？不一定。这是一场疯狂的赌局，而且胜算太小。

这也是成年人在亲密关系中常见的困惑。很多人赌输了，无法接受结果，于是进行疯狂反击，反击之后，他们又会后悔，想要补偿。亲密关系里，很多人都是这样的，反复几次，双方都疲惫不堪。

如果说这样的关系只出现在成年人之间，就过于局限了。很多人小时候不得不讨好自己的父母时，也会有这样的感觉。

孩子通常是最知晓父母心意的人，他们宁可牺牲自己，也要成全父母。有人认为孩子的成长是一场悲壮的旅行，他们愿意把自己的一切拿出来，换得父母的爱。但这个假设意味着孩子觉得自己本身是不值得被爱的，需要拿自己的东西去交换爱。

这样的孩子经常会把父母的称赞、认可、高兴理解为爱，他们会乐此不疲地牺牲自己，他们甚至不会说"不"，只会说"好"。只要父母高兴，一切付出都是值得的，因为在他们看来，只要父母高兴，自己就得到爱了。

这样的孩子内心非常缺乏安全感，他们的周围布满了需要讨好的人。因为孩子会觉得"只有父母高兴，我才可以放心"，他们会给自己设立非常高的目标，不断努力，让父母看见自己很好、很优秀、很成功，以为这样父母就会高兴。

亲子之间经常发生这样的事：妈妈对孩子事无巨细地关心，时刻处在备战状态，目的是当一个好妈妈，让孩子满意，并把这当成最大的成功。但是，孩子总有不满意的时候，妈妈的愿望随时都有破碎的危险。

如果一个人为人父或为人母的时候，总忍不住想讨好自己的孩子，那么我们可以推测，他在幼年期、童年期甚至青少年期就一直在讨好自己的父母。成年后，他虽然成为生理上的父母，内心却仍保持孩子的状态。他把自己的孩子当作依赖的对象，依赖孩子给予自己好的反馈，这让他感觉自己是个合格甚至优秀的家长。此刻，孩子就化身为他曾经需要讨好的父母。

讨好的核心指向"我够不够好、够不够有价值"，讨好者似乎把这些建立在可以为对方提供多少价值上。

一位新手妈妈说，自己没有奶水，很内疚，担心不能为孩子提供母乳，孩子会免疫力低下，将来和自己不亲近。她天天都很紧张、焦虑，总是补偿性地想给孩子买各种好东西。

但与孩子待在一起的时候，她又感觉自己无法靠近孩子，连接不了孩子，于是更加内疚。

她说，她能明显感觉到自己在讨好孩子。

母亲十月怀胎生下孩子，母子之间有其他人无法超越的连接。但母亲本身不被爱的经历和体验，使她无法相信自己可以在和孩子的关系里享受爱与被爱。

没有母乳的新手妈妈无法相信自己会给孩子带来价值，无法靠近孩子，其实是因为她在自己和孩子之间放置了很多焦虑、恐惧、愤怒以及无能为力，这挡住了她和孩子连接的通道。而孩子的哭闹又使她认为自己付出得不够多，因此无法获得孩子的爱和亲近。

还有一种常见的付出模式：父母对孩子有非常高的期待，孩子觉得只有自己成为父母想要的样子，才对得起他们；一旦无法成为那个样子，就觉得自己背叛了父母、伤害了父母。

在这里，孩子的逻辑是：**如果我对你付出，我就对你有价值，你就会爱我。**一方过度牺牲、过度付出，一定会给另一方带来很大的压力，结果往往是没有得到想要的爱，还招致更多的恨。

通常，高期待型家庭容易培养出这种类型的讨好者。

这里还有一个故事。一个家境并不富裕的姑娘，从小就被父亲告诫，必须成绩好，只有考上好大学、进入好单位，她才能摆脱贫困，得到周围人的尊重。

父亲对她的训练近乎苛刻，任何时候都要求她快速达成目标，不能耽误时间。她被要求专心看书，其他事都可以不做；不能在意穿衣打扮，要把所有精力都放在学习上。只要她的成绩好，父亲就高兴；成绩不好，父亲就唉声叹气，极其失望。

她说她最害怕父亲失望，父亲伤心好像比自己伤心还让她难过。父亲所有的快乐都与她的成绩挂钩，压力特别大时，她就一本习题接一本习题地做题。

害怕父母伤心，满足不了父母的期望，孩子就会内疚，这种痛苦折磨着她，为了缓解内疚，她奋力学习，一点时间都不肯放松。这个姑娘在讨好父亲时，多少有一些悲壮。在那样的环境里，她是父母唯一的指望，她的命运和整个家庭的命运连在了一起。

后来，这个姑娘终于上了名牌大学，毕业后进了很好的单位，但是她严重怀疑自己的能力，总担心自己会让领导失望、让同事们失望。她天天催促自己进步，一定要有所学、有所成长，但她对工作越来越没有信心，没有办法从工作中汲取营养，总担心别人说她不够努力、不够好。

虽然她已经长大了，生活条件也得到了极大的改善，父亲也不再需要她的拼搏了，但她根本停不下来。在她内心深处，父母仍然对她寄予愿望，让她不断奔跑。

几乎在所有高期待型家庭中，父母都把内心的无助感甩给了孩子，让孩子背起沉重的负担。父母也不是有意这样做，只是因为他们自己无法改变现状，只能把家庭的命运和孩子捆绑在一起。殊不知，他们深深的失望与叹息，对孩子来说实在是太沉重了。

如果不去满足他们的期待，孩子很容易内疚、自责，攻击自己。

高期待的背后是"你不够好，你不配拥有我对你的称赞"。 这是一种深深的不接纳和贬低的态度。

高期待代表的是严厉的超我，弗洛伊德将它称为道德自我。这个自我要求你必须想着别人，近乎绝对地利他。只要没做到，就会受到道德的惩罚。人们内心会认同这个道德自我的要求。

父母也会动用这种道德自我，对孩子说："爸妈都是为你好，你要不断努力，不断进步，这样才能有好工作，才能出人头地，别人才能接受我们。"孩子也会认同："我就是要做到最好，这样我才有价值。"

孩子们真正想要的是什么呢？在小时候，他们最想要的是爱。他们可能无法理解完美的人生是什么样子的，但他们能捕捉到的信息是"父母是否会因为我做的事情而高兴""父母是否会爱我"。

父母的高期待很容易传递这样一个信息："如果你满足了我们的期待，你就会得到你想要的。"他们就像画了一张饼，孩子们达到要求就能吃到饼，殊不知，孩子半路就饿晕了。

孩子们笃信那样做会得到爱，直到精疲力竭、再也跑不动为止。这时父母还会苛责："你怎么变成这样的孩子了？你怎么连这些都做不到？"

被苛责的后果是，活力从心底被抽走，孩子们开始攻击自己，觉得自己糟糕透了。

要是能够从这种状态中觉醒，看到父母的苛责是永远也没有办法到达的远方，孩子们的人生境遇也许会有所不同。

我听过很多这类心理故事。人们内心的觉醒基本上都发生在遭受巨大的痛苦之后。心灵深处的那些真切的疼痛，让我们开始反思："我到底要什么？要去哪里？我到底是谁？我们的父母到底有没有爱过我们？他们有多爱我们？"

痛苦是一剂我们都不喜欢的良药，但要想觉醒，我们必须靠它。

我们会痛苦，很有可能是因为没有看到真实的世界，只看到了世界的某几个角度。事实上，我们是在自己的世界里挣扎。当你真的想明白上面那些问题后，你的生活可能会变得不一样。

当你努力获取父母的爱时，你可能正在失去对自己的爱。如果你的父母在听到你的诉求之后，愿意改变，愿意看见你的内心，那是莫大的幸事。

很多父母偶尔也会发现自己对孩子过于苛刻，随即开始宠着孩子，但当他们发现孩子让自己不满意时，就会认为是自己把孩子"宠坏了"，于是重新变回严苛的样子。双方就这样僵持着，在付出、愤怒、补偿、苛责，彼此讨好又互相怨怼中，勉强地应付着双方的关系。

我仍然相信，每一粒生命种子都有向往自由的力量，待你准备好，它们就会开始生长。

练 习

同样需要准备 15~30 分钟不被打扰的时间。

和自己在一起，连接自己的内心，我们会感觉更安宁。

- 找一个安静的地方，保持舒服的姿势，无论坐着还是躺着，动一动身体的各个关节、各处肌肉，找到最放松的状态。

我们会从吸气开始，有意识地把吸气和呼气变得深一些，长一些，再深一些，直到你的极限。

吸气——呼气——

- 继续保持你的呼吸，你将能够注意到吸入和呼出的气体经过自己鼻腔和咽腔的感觉，以及胸腹部的扩张和收缩。
- 将呼吸变得缓慢而轻柔，渐渐地，你的身体也会跟着放松下来。接下来，请慢慢地将你的意识从纷繁的外在转移到你的内在。此时，如果有一些念头过来打扰你，你可以请它们暂时待在一旁，你可以安心地与自己待在一起。
- 请你继续保持缓慢而轻柔地呼吸，并同时保持与自己的连接，慢慢地将注意力聚焦在今天的书写内容上。

你在关系里有高期待付出与补偿模式吗？你对这个部分有什么看法？

请你写下来并读一读你写的文字。

第十一章

失去与获得：在幻想中，拒绝别人就会被抛弃

失去边界的人心理状态常常是这样的："我不能拒绝，如果我拒绝了别人，我就会被抛弃。"

这个逻辑其实是与无力感相连的。讨好者常常对自己的边界没有明显感觉，他们认为，在关系里，所有事情都要由自己去解决，由自己去负责，所有事情都要做得妥帖，所以，他们极易主动承担过多的责任。

一位在不幸婚姻里痛苦纠缠了八年的女士，在向我讲述她的婚姻经历时，痛哭流涕。

她是一名家庭主妇，在家庭里主动承担了很多事情。不管丈夫还是孩子有需要，她总是想尽办法满足他们。这样的状态，让她一度觉得自己非常有价值。

丈夫赚钱，负责家里所有的开销，她照顾家庭，日子看起

来也越过越好。直到丈夫有了外遇，她忽然觉得自己这么多年的付出就像一个天大的笑话。

她原本的设想是，与丈夫一直幸福美满地生活下去。但丈夫出轨的打击几乎让她崩溃，与此同时，她注意到孩子对她也越来越没有礼貌，说话很不客气。她细细想了想，这种情况其实从很早就开始了，丈夫和孩子都不那么尊重她的倾心付出。

此前她从来没有想过，自己会被丈夫抛弃、被孩子嫌弃。她一直都觉得自己和他们是连在一起的。

丈夫喜欢运动，她也去运动，虽然她并不享受运动，但丈夫喜欢的她就会去做；她没有自己的时间，所有时间都用来关注丈夫和孩子的需要，仿佛自己是为他们而生的。

她几乎不会对丈夫和孩子说"不"，在她的观念里，说"不"是不被允许的。她没有自己的边界，只有一味地满足别人的要求；她没有独立的自我，只有围着丈夫、孩子转。在丈夫想要和她离婚的日子里，她感觉天都要塌了，难以想象自己做了这么多为什么还会被抛弃。

丈夫给她的反馈是"和你在一起太没意思了"。

她没有自己的爱好，没有自己独立的思想，她甚至不了解自己喜欢什么颜色、有什么理想。她从来没有试图了解自己，她把所有的精力都放在了解别人上。

她对孩子喜欢什么、丈夫喜欢什么了如指掌，但这并没有拯救她岌岌可危的婚姻，她像一根藤蔓，把自己缠进了丈夫和孩子的生命里。她没有独立的人格、独立的自我，当然，她也无法进入丈夫的内心世界，她无法真正理解别人，更无法理解自己。

她用自己所有的精力换来一段看似安稳的生活，在婚姻里，她几乎完全失去了自己。现在，她依附在丈夫身上换取的幸福就像一场云烟一样消散了。

被抛弃的恐惧折磨着她，好像没有这个男人、没有这个家她就要活不下去了。以前她不敢拒绝家人的需求，也不明白为什么不敢。现在，这种恐惧呈现在她面前，她才发现，原来自己是那么害怕别人不喜欢自己、嫌弃自己、离开自己。在她的内心深处，她觉得自己一点儿价值都没有，必须依附别人，像奴仆一样卑微地存在。

她有这样一个逻辑：我拒绝他，他就会抛弃我。这是她心底最深的恐惧，也是她坚信的幻想之一。她认为只要自己不拒绝，那么被抛弃的事情就不会发生，只要自己付出所有，就能拥有一切。

这样的幻想逻辑是一个自恋的游戏。事实是，不是你不拒绝，对方就会永远和你在一起。

有自己的想法、思考、决定，敢于说"不"，这些都关乎一个人的心理边界。

这位女士没有边界的概念，更没有维持边界的力量，她的生活出现这样的轨迹，并不令人意外。

那么，这样的人难道无法改变了吗？当然不是，很多人的成长恰好就发生在这种改变的时刻。只要你没有被冲击击倒，你就有机会振作起来，学习建立自己的边界，给自己灌注力量。

关于这些内容，我将在后面"改变与疗愈"的部分里，详细阐述。我们当然需要更多的理解、思考、感受、行动，才会发生变化。在此，我们先来了解这种没有边界、没有拒绝能力的讨好者，通常来自怎样的家庭。

过度控制型家庭容易培养出这样的讨好者。

无论在我们的日常生活中还是内心世界里，都需要规则，但规则不是过度控制，过度控制会使人性格僵化，所以除了控制，我们还需要自由。

控制型家庭显然在控制的力量上是过度的。越是控制过度的家庭，孩子的能量越弱。可以这么说，当家庭的控制力极其强大时，孩子为了适应成长环境的需要，会削弱自身的力量。

孩子不认为自己的自由意志可以延伸，于是不得不压抑它们。这种家庭营造了一种令人紧张、无法放松的氛围。

控制的表现分为两种。一种是一方很强大，使另一方不能拒绝的控制，即"你什么都要听我的，我说的才是正确的"。这种逻辑在控制型家庭中很常见。

前文中提到的女士，她的家庭就是这样的。她的父亲在家里是绝对的权威，兄弟姐妹们都不能有自己的意见或想法，他们都是透过父亲这扇窗去了解他人、了解世界的。

在家里，母亲也对父亲言听计从。曾经母亲是有自己的意见的，但是父亲反对得很坚决。比如，当母亲拒绝做一件事情的时候，父亲会说："你竟然敢反抗我？你也不看看，是谁在管你吃管你喝？"

这样的话极具杀伤力，很多讨好者认为，对方说"不"就代表自己做的是错的。父母掌握着自己的生活，如果反抗，他们就不管自己了。其中的逻辑可以这样理解："如果我拒绝了你，我就会被你抛弃。"

一个一切都掌握在他人手里的人很难觉得自己有力量，除了屈服还是屈服。久而久之，他们就会觉得有自己的想法是一件特别难的事情，没有人会支持、帮助自己，自己的请求也不会得到允许。因此，自己不要有思想，不要做什么决定，才会让事情变得简单易行。

这样的人还会封闭自己的情感，以便像机器一样去做事情，这样自己不会很痛苦。

这种对方很强，让人不敢拒绝的情形，职场中也很常见。这和"领导布置一个超出工作范围的任务，自己再累也不能拒绝"这种事，本质上是一类问题。

控制的另一种表现是：一方很弱，使另一方不能拒绝。弱者让人不能拒绝的一个很重要的原因是，拒绝弱者，会让人觉得自己很不好，觉得自己在伤害他人。

父母常见的撒手锏之一是"你这是让我去死"。有些父母会对孩子说："你如今翅膀硬了，我们老了，如果你不听我们的，我们就要去死。"

电视剧《都挺好》里的苏大强就是一个典型的用弱者方式来控制孩子的人。他经常说的话就是："我一个老人，我怎么办啊？你们不能不管我啊。"言下之意就是，如果你说"不"，你就不道德、不仁义、不懂事、不厚道……

道德绑架是一件锋利的武器。一旦拒绝对方，人们的整个道德体系就好像会瞬间联合起来攻击自己，这实在太可怕了，没有人敢承担这样的后果。正是这样，苏家的老大、老二，才不断地讨好"巨婴"[①]老爸。

不管对方是强是弱，讨好者总会遇到挂住自己的钩子，其心理逻辑都是：不能拒绝；如果拒绝，就会被他人抛弃、被社会抛弃。

在我的攻击性课程上，一位用户这样留言：

"多少年来，我对公婆都是顺从、委曲求全，我深以为自己的善良和宽容，他们会知道的。原来这是一个巨大的错误。我没有换来他们的真心对待，这是最令我受伤的。我对公司领导和同事，委曲求全，不好意思拒绝，也不敢说出自己的想法，我总是尽量让别人快乐，让自己活得很累。委屈、恐惧、胆小，让我不断地讨好，这种恶性循环和内耗深深地伤害了我。"

有自己的边界，能维护自己的边界，才是对自己最好的保护。讨好者要试着走出"付出就不会被抛弃"的误区，因为一味付出只会让自己的牺牲变得越来越没有价值。

---

① 网络用语，指虽已成年，但心智仍停留在幼年、极不成熟的人。——编者注

练 习

又到了照顾自己心灵的时间了。关于呼吸放松，你是不是越来越熟练了呢？有没有感到越来越舒适？

15~30分钟不被打扰的时间，准备好了吗？

- 找一个安静的地方，保持舒服的姿势，无论坐着还是躺着，动一动身体的各个关节、各处肌肉，找到最放松的状态。

我们会从吸气开始，有意识地把吸气和呼气变得深一些，长一些，再深一些，直到你的极限。

吸气——呼气——

- 继续保持你的呼吸，你将能够注意到吸入和呼出的气体经过自己鼻腔和咽腔的感觉，以及胸腹部的扩张和收缩。
- 将呼吸变得缓慢而轻柔，渐渐地，你的身体也会跟着放松下来。接下来，请慢慢地将你的意识从纷繁的外在转移到你的内在。此时，如果有一些念头过来打扰你，你可以请它们暂时待在一旁，你可以安心地与自己待在一起。
- 请你继续保持缓慢而轻柔地呼吸，并同时保持与自己的连接，慢慢地将注意力聚焦在今天的书写内容上。

在关系里，在你不能拒绝的时候，你的内心是怎样的？可以专注在一件事情、一个人身上，想一想，其中藏着怎样的思维逻辑？你如何理解它们？

如果有，你可以写下来，写完之后，读一读自己的文字。

第十二章

存在与消失：如果我们不分开，我就永远不会孤独

讨好型人格的最后一个思维逻辑：如果我们不分开，我就永远不孤独。它对应的是讨好者内心强烈的空虚感与孤独感。

有一种关系很容易呈现近乎狂躁的状态，这种关系就是恋爱中的亲密关系。人们在恋爱的时候，觉得一切都很美好，会将对方理想化。所谓"情人眼里出西施"，热恋似乎可以让人感觉很丰盛、幸福、充满希望。

很多恋爱中的人，尤其是女性，很容易不自觉地陷入这样的关系，表现为不顾一切地为对方着想。无论心甘情愿地给对方花钱，还是给对方解决各种各样的问题，讨好者的目的都是和对方黏在一起、不分开。有时候，他们也会对这种关系模式产生不舒服的感觉，但还是坚持要与对方在一起，一心认为他

们不能分开，也不愿意分开。

在关系的初始阶段，有很多美好的幻想作为支撑，比如，"你那里有我想要的东西（学识、样貌、阅历、收入、思想等）""我和你在一起觉得很有力量，好像我也拥有了这些"。在这种幻想的支撑下，透过这段关系，讨好者内心的孤独黑洞仿佛被填满了。这种感觉可以抵抗空虚，所以很多人就是想和恋爱对象黏在一起。

这里有一个思维逻辑，即"如果我和你存在于一段关系里，我就能从你那里得到我想要的一切，这样，我就不会再孤独了"。

这个令讨好者深信不疑的逻辑，决定了讨好者在关系中的地位，尤其是当对方并不这么认为时。

讨好者像是在玩非常危险的游戏——他将自己战胜孤独、空虚的渴望完全寄托在和另一个人的关系里。这为他的悲剧埋下了伏笔。

人们害怕什么，就会被什么控制。

如果害怕失去一段关系，人们就会特别想留住这段关系，会维护这段关系，失去关系的恐惧会掩盖自己在关系中真实的一面，让他有意无意地要求对方必须提供安全感。当亲密关系中的另一方越来越不自由时，挣脱关系的情况就会发生。

爱情的保鲜期总是很短暂，双方带着对彼此的幻想进入亲密关系，每个人都期待对方呈现自己想要的样子。现实的"骨感"就在于，在亲密关系中，没有人能够一直保持令对方完全满意的样子。

在爱情中，吸引我们的对象，很可能具备我们原生家庭中某个重要人物的特质。在原生家庭里，你是怎么对待和被对待的，你在新的关系里就会重复这样的对待与被对待；在原生家庭里没有得到的，便想在这样的重复里，圆满得到。

"坠入爱河，是我们的文化中唯一一种可以接受的精神病。"《共情的力量》一书中引用了精神分析学家埃尔文·塞姆拉德（Elvin Semrad）的这句名言。当我们遇见爱情，就希望那里有拯救自己的人。对爱情里另外一方的期待像对拯救者的期待，对他们的付出甚至也像对拯救者一样慷慨和虔诚。同样，人们对爱的疯狂与执着就如同精神病患者对自己坚信的东西那样坚不可摧。

人们对爱的痴狂，背后是对融合的强烈渴望，也是对孤独、空虚的积极反应。

能够自处自如，不怕孤单且享受孤单的人，内心是有一个爱他的人的；人们内心空虚其实是因为感觉不到被人爱，所以一直在关系里面抓取，以此留住爱。甚至很多讨好者认为，只要存在于一段关系里，自己就是被爱的。这就会导致，哪怕关系让人不适，有些人也会留在关系里，因为在关系里会有希望。

这其实很悲哀，对爱的需求本来是人的一种基本需要，最后却变成了卑微的求索。

讨好者的这种思维逻辑伴随着内心深刻的悲伤与疼痛，但这疼痛也会唤起他们思考的激情。带着这个逻辑，我们也可以问自己："难道只有眼前的这个人才能满足我对抗孤独的需要吗？难道孤独感只能用这种方式应对吗？在关系里，我可以怎样有尊严地满足我的需求？我应该怎样应对自己在关系里的失望与恐惧？"

这些问题对我们突破现有的讨好模式有所帮助，除此之外，我们还要看看这种讨好的思维模式在什么样的原生家庭里容易出现。

忽略型家庭比较容易培养出低自尊的讨好型孩子。

在忽略型家庭中，父母对孩子的很多事情都不在乎，他们的注意力几乎都在自己身上，也不觉得孩子的事情有什么重要。在忽略型家庭里，成员之间的连接都非常弱，孩子作为家庭的一员，经常有一种不存在的感觉。这种低存在感带给人的冲击通常是弥漫式的。如果说，在之前提到的几种家庭关系中，父母对孩子保持紧密的关注，那么在忽略型家庭中，亲子关系则是抽离的。孩子甚至感觉不到关系的存在，其内在会处在一种弥漫式飘浮状态中，没有扎实牢固的感觉。

有这样一个女孩，她的爸爸妈妈工作都很忙。在她很小的时候，她每天被安置在不同的亲戚家，每天都要待到很晚，爸爸妈妈才能去接她回家。

她说，放学回来，她最渴望的就是走到自家楼下，看到家里的灯是亮着的，父母在家等她，家里有美味的食物。但是，这样的温暖时刻太少了。

爸爸妈妈永远有做不完的事情。

这个姑娘觉得自己并不重要，她想，如果自己重要，那么为什么爸爸妈妈不能多花一点儿时间陪伴自己，而总在没完没了地工作呢？她觉得自己没有价值，不值得被爱。

当一个孩子持续性地被忽略，她就会慢慢习惯被忽略。即使被关注，也会怀疑这种关注不是真的。这样的人在亲密关系里会呈现疏离的状态——一种随时可以逃跑的状态，不和别人太亲近。这是她过往的生活经历告诉她的。

女孩说，她害怕与任何人有亲密关系，自觉地满足对方的愿望是她在无意识中做的事。

她只会暗自伤心，却不会对父母说她需要他们为她留在房间里。她觉得父母很快会离开，所有的亲密关系都会很快结束，所以，干脆不要进入关系。

若她在某一个瞬间感觉到关系中的温暖，就像黑暗的房间开启了一扇小窗，她很可能会直接扑过去，就像久旱逢甘露的大地，不惜一切代价想要留住它。

还有一种忽略型家庭有比较的习惯，比如父母重视男孩，忽略女孩，女孩会明显感觉到自己没有男孩重要。在这种家庭关系里，女孩眼见着哥哥或弟弟占有资源，而自己想要的总是得不到。有的女孩长大之后，会不断地为哥哥或弟弟付出，甚至毫无保留地帮助哥哥或弟弟。

在无意识层面，得不到资源本质上就是得不到爱。很多得不到爱的孩子会加倍努力来换取父母的爱，比如，变得更加听话、懂事、成功、孝顺，这是一种很经典的讨好。

有一位女士，父母不断地向她要钱，要把她的钱给他们唯一的儿子，也就是她的弟弟买房子。这几乎要搬空她自己的小家，她就差为父母借外债了。她很生气，她的父母却说："你怎么变了呢？你以前不是这样的。"

这位女士悲愤交加，这么多年，父母无非把自己当成一棵"摇钱树"，她从未被父母真正爱过，他们只爱她的弟弟。她以为只要自己足够优秀、不计成本地帮助父母和弟弟，就能留住父母对她的爱。但当她不得不面对父母就是把弟弟看得比她重要得多的事实时，她多年的信念坍塌了。

不断地给父母钱，帮助他们搞定一切麻烦，最终父母还是很失望，被爱的泡沫就这样无情地被戳破了。讨好，的确帮助她维持了多年和父母看似和谐的关系，可是在某一个偶然又必然的时刻，她遭受了致命的一击。正是这致命的一击唤醒了她。她开始真正思考自己与父母的关系到底是怎样的。这也为她在今后的人生中真正地活出自己敲开了一条缝。

另外，还有一种忽略，是父母看起来都很关注孩子，但这个关注超越了正常的界限。比如，他们非常关注孩子是不是吃饱穿暖、学习有没有退步，也很关心孩子的心理状况，愿意用各种方法让孩子开心。

很多人觉得这样的父母很完美。但我认为，**过度关注孩子的家庭，往往会忽略一个非常重要的部分——空间。**

父母的眼睛始终在孩子身上，对孩子而言是很可怕的，父母可能对孩子投射了某种焦虑和无助。任何时候，孩子一有风吹草动，他们就立马冲出来，为孩子解决问题。

其实，孩子的成长一定会经历挫折，孩子会感到挫败，感到愤怒，会沮丧，甚至哀伤，这是心理发展的正常历程。父母可能因为经历过一些困难和挫折，于是不希望这样的事情发生在孩子身上，从而过度帮助孩子，导致孩子丧失了应对自己内在困境的机会。

总是关注孩子，孩子也会感到焦虑，并会承受父母的这些情绪，没有空间发展出强有力的自我。这样的家庭出来的孩子很容易对他人产生依赖。这种依赖，建立在自己感觉脆弱的基础上。在关系里，他们很有可能会本能地依赖他人，会放大心里的无助感，不自觉地讨好强大的人。

　　如果你觉得孤独，不妨试着向外看一看。

练 习

现在，15~30 分钟不被打扰的时间，准备好了吗？

- 找一个安静的地方，保持舒服的姿势，无论坐着还是躺着，动一动身体的各个关节、各处肌肉，找到最放松的状态。

　　我们会从吸气开始，有意识地把吸气和呼气变得深一些，长一些，再深一些，直到你的极限。

　　吸气——呼气——

- 继续保持你的呼吸，你将能够注意到吸入和呼出的气体经过自己鼻腔和咽腔的感觉，以及胸腹部的扩张和收缩。
- 将呼吸变得缓慢而轻柔，渐渐地，你的身体也会跟着放松下来。接下来，请慢慢地将你的意识从纷繁的外在转移到你的内在。此时，如果有一些念头过来打扰你，你可以请它们暂时待在一旁，你可以安心地与自己待在一起。

- 请你继续保持缓慢而轻柔地呼吸，并同时保持与自己的连接，慢慢地将注意力聚焦在今天的书写内容上。

你有感到孤独和空虚的时刻吗？

在一段关系里，如果有人离开，你会选择用什么样的方式应对分离？

你是怎样度过那些艰难时刻的？

找一个信得过的人，与他分享你内心的这些时刻。

在这个过程中，如果你感觉到明显不适，请随时停下来，确认一下，是否还可以继续。你可以做一点其他事情转移一下注意力或者进入自己的安全基地，在那里补充养料后，觉得自己可以了，再继续。

第三部分
THREE

力量篇
改变与疗愈，发展稳定
自我的 7 个核心

不 再 讨 好

第十三章

决定的力量：为了自己，选择改变

在前面的章节里，我们从不同维度讨论了讨好的情感反应模式、逻辑以及原生家庭对讨好型模式形成的影响。从现在起，我们进入改变与疗愈的阶段。

每一个人内在的人格模式，都有存在的价值和意义，没有好坏之分。如果你觉得自己的性格中有一些讨好的特点，并且正在犹豫要不要改变，那么可以试试我的建议。我认为有一点必须明确：人们不一定非要改变，除非自己愿意。

如果一个人没有危及别人，自己也没有觉得非常痛苦，并不想改变，那么其他人就无权要求他改变。任何时候，自己才是自己的主人。

这是关于疗愈的第一点：**你不必为了别人而改变自己**。

此刻，你不需要讨好任何权威和任何人，你只需要对自己诚实，问问自己的内心，是否想要做一些改变？请确认，你是否在为自己做这件事。

试着去听听自己内在的声音，如果你并不想改变，或者还在犹豫，就尊重这个感觉，不必推着自己往前奔跑。等准备好，再去做深刻的改变。

如果你愿意有意识地改变，这将帮助你了解自己内在的节奏。一个女孩来找我做咨询，她说："我的朋友们说，我没有自我，需要做一下心理咨询，我就来了。"

在咨询中我了解到，她是一个习惯顺从的人，在关系里从来不表达自己的意见，就好像没有意见一样，她不觉得这样痛苦。她来咨询，是因为朋友们和她交往久了，认为她有问题需要咨询。

她觉得自己若不来做咨询，朋友会离开她，而没有朋友，她自己会很孤单。但是我们的咨询进行得并不顺利，从各个方面都没有办法切入，她非常努力地配合，但我们的进展很慢。

于是，我不得不问她一些问题："你到底想改变吗？你究竟为谁而改变？"

直面这些问题，我们的咨询工作才有了转机。她的内心一直有个声音，不想改变。但是她不想听见这个声音，因为不改变，就会没有朋友，所以必须改变，并且必须朝着朋友说的那个方向去改变。她自己也认同朋友们说的方向，但就是迈不动步子。

我们谈到情感，话题就中断了，这当然也是一种特别挫败的感觉，她自己也非常懊恼。当我们一起探索，看到其中的冲突时，我向她反馈："你看，你也是有力量的，你有对抗的力量，虽然不能用语言表达，但你的行为正在这样做。"

到了这一环节，她松了一口气。她说："是的，我不想改变。我是因为感到他们给我的压力，而被迫去改变。"她一直以为自己没有自我，其实只是不敢有。

因为一直以来的脆弱和依附成了她关系中的常态，她不知道自己在哪里。因为对被迫改变心存愤怒，所以虽然来到咨询室，但她的无意识却在对抗咨询。（在意识层面，她很配合，但在行为、情感层面，她很抗拒，她在对抗中保留自己仅剩的自我）。

实际上，每个人都需要为自己做决定。就像这个女孩，她真的是为别人而来的吗？表面上看，是的。朋友让她来，那当然要满足朋友们的需要，不然，她们不理自己了怎么办？

她的行为的落脚点，是担心没有朋友。她很恐惧朋友的遗弃，很害怕孤单一人，这种感觉很痛苦，这才是促使她来咨询的深层原因。

当老板对你说"这单生意做不好，就不要来工作了"时，你觉得你是为了老板才努力把这单生意做好的吗？老板和你存在共同利益，你们都需要你做好这单生意。就像这个女孩和她的朋友们，他们觉得改变相处方式对他们的友谊有帮助。

即使如此，你仍然可以不做改变，只要能承担后果就好。

如果你扛得住焦虑、恐惧、孤独以及其他情绪的折磨，那么你大概也没有动力去改变。所有的改变，都源自内心深处的需要。

很多时候，我们不愿意面对自己的脆弱，会说自己是迫于别人的压力才做出改变的。但一个成年人在任何时候都不要忘记，你有选择的自由。

所以，请你想一想，是不是很多时候别人让你干什么你就干什么？真正看到自己内在的需求，为自己的需求而努力，你会变得更加有力量。

这其实是需要准备的，就像我们做咨询时，会帮助来访者确认自己是否真的做好了准备，是否可以开始咨询。

这很重要。当你做好决定，你的对抗性和破坏性会减少，改变的阻力也会变小。相反，如果你没有准备好就贸然开始，你会感到困难重重。

所以，你需要让你的心准备充足一些再开始。但你永远没有办法等到完全准备好了才开始，改变过程中必然会遇到各种困难和突发状况。"准备好"永远是一个相对的概念。

几年前，一位刚刚毕业的女孩找我做咨询，她非常让父母省心，大学毕业前的所有人生选择都是父母安排好的。她已经在某个领域取得了骄人的成绩，但是，父母永远对她说："你还要更好，要拿市第一、省第一、全国第一，甚至世界第一。"

终于有一天，她再也不想为了父母的愿望而委屈自己了。她需要一份工作，让自己活下来。那时，她已经厌倦了之前取得傲人成绩的专业，并且觉得，之前做的一切都是为了父母。我对她说："从现在开始，你走的每一步，都是为了你自己，而不是你的父母。"

这个角度的反馈使她非常振奋，以前一直厌倦的专业突然成了自己的左膀右臂。她不再憎恨自己从事的专业，反倒让它带着自己翱翔。

当天晚上，她就获得一个工作机会，后面的经历更加励志。她从五六线小城镇，一路走到一线城市，收入水涨船高。前段时间，我收到她的邮件，她现在已经在江南的一座大城市定居，父母看到她的变化很为她骄傲，再也不要求她事事争第一了，还帮助她在大城市买了房子。

从讨好父母以便在家中立足，到利用学到的技能去大城市施展才能；从被父母不断提出高目标到最后让父母为她骄傲。女孩这一路的精彩经历媲美一部传奇电影。

也许你们会问：当时这个女孩完全准备好了吗？当然没有，她只是感到痛苦、压抑和委屈，她就是不想继续这样的生活，她甚至不知道心理咨询是什么，但是她愿意尝试新事物，愿意冒险，她觉得至少要试一试，试一试才知道行不行，就像小马过河一样。

我们的咨询也遇到了许多困难，有时候，她对我生气就会不说话，我们就卡在这个地方，但是我们依然会去面对，一次又一次。这样的反复以及反复后获得的力量感，给她带来了持续的信心。

所以，"什么时候可以开始改变？"一句话：准备得差不多的时候就可以了，一边试着成长、一边感受变化。

当你想要觉醒、想要过更有尊严的生活，就听听自己内在的声音："我想改变吗？"若你想改变，就抓住自己身边的资源，让它们成就你。

如果你还不想改变、还没有准备好，也是可以的，这是你的自由，请尊重这个想法。任何时候，只有当你想要改变时，再进行改变，这有可能是最高效的方式。

为自己改变，还需要做的心理准备是，要有面对改变的信心与诚实。我们都知道，改变是很难的一件事，尤其是改变人格行为模式，这是个漫长的过程。

如果对改变报有比较大的幻想，比如认为它会很快实现或者像灵丹妙药一样有奇效，那么你一定会失望。因为所有质变都是由量变累积而来的。

这一路会有很多痛苦和反复，有很多情绪让你难以忍受。准备好面对它们的信心，用一个长远的、发展的视角来看待变化的过程，这将帮助你扩充自己的空间。当你知道这一路会发生什么，对过程有一定的了解时，因不确定而产生的焦虑感和恐惧感就会减少。

诚实地面对自我，意味着正视内心的颓废、消极、无力和恐惧。

这些本不可避免，但人们总会排斥它们。若你想要改变自己讨好的行为模式，你就要看到原来自己也有空虚、脆弱的一面，还有那么多自己从来没有了解过的其他面。改变自己非常不容易，但当你准备好的时候，实现目标并非不可能。

逃避，永远是前进路上最大的绊脚石，会极大地拖慢前行的速度。但因为逃避会带给人短暂的安全感，所以人们仍然会习惯甚至本能地选择逃避。有时候逃避是必需的，当你感到巨大的恐惧、疼痛、惊吓时，逃避可以保护自己；但反复逃避，就是在伤害自己。

直面脆弱、勇敢改变，一方面会极其痛苦，另一方面也会让你感受到力量。

你将认识更多维的自己，在这个过程中，自己的人生体验也将更加丰富。但我们也要明白，即便知晓了这些，在改变的历程中，仍然有许多不可控的因素，了解这些，可以帮助我们充满力量地应对困难。

不要责备自己在这个过程中想要逃离。逃避痛苦是人类的本能，它不应该受到谴责。请试着去理解此刻的痛苦，并告诉自己："没有关系，缓一缓，慢慢来，成长是螺旋上升的过程。有些体验虽然和以往相似，却也有所不同。就这样，不评判自己，往前走就好。"

记住，你是一个独立的人，对自我要有清晰的认知。只有这样，你才能慢慢立足于当下，未来才有力量不依附他人。

练 习

不受打扰的时间和空间准备好了吗？

每次，我们都需要 15~30 分钟的时间，作为对自己的宠爱。

- 请你找一个安静的地方，和前面一样，让自己身体的每一个部位尽可能放松，让呼吸带领你。

  不管外面发生了什么，你在自己的中心，与你的呼吸在一起。

- 把外在的一切都放下，专注地与自己待在一起，让我们邀请一束光来陪伴自己。你可以按自己的喜好决定这束光的温度、亮度、色彩。

  这是可以给你带来决定力量的光。你可以在里面感受它的支持与陪伴。可以保持得久一点，再久一点，直到你觉得足够。

  你可以在这束光的护佑之下，做任何你想要做的事情。

  这是关于勇气与希望的光束。

  请你在心中种下一颗种子，这颗种子将给你决定的力量。

  试着去做，不去评判，你可以看看这颗种子的样子、大小。土壤已经准备好，只等着种子入土，生根发芽。

  你会经常来照看它，它也会陪伴你。

  当你做完这些之后，慢慢地呼吸，觉察此刻的自己有什么感受。**你刚刚经历了什么？**慢慢地睁开眼，写下这个历程。

第十四章

方法的力量：4 步培养 "均匀悬浮注意"

当你内心做好准备，想要改变自己的讨好行为模式时，你就会找到办法。首先，觉知自己的讨好行为模式是相当重要的。

讨好者经常在关系里消耗自我，很多时候连他们自己也不明白到底发生了什么，自己怎么了。

如果你不清楚自己在关系里是怎样的存在，就谈不上做什么调整和改变。

一些来访者和网友反馈，在进行更多的觉知练习后，自己的思维变得清晰了，人仿佛也更加聪明了，头脑也由那种混沌模糊的感觉变得渐渐清晰了起来。

我认同这种反馈，因为我自己就是在这样的练习里逐渐成长的。一次，一个女孩说，做了半年咨询后，她开车时能精准地感觉到距离 10cm 和距离 1cm 的差异，这种感觉妙不可言。

她不知道自己做了什么，但对距离的感知就是明显提升了。

同样，有人对我说她现在和丈夫吵架，逻辑能力明显提高。以前是丈夫说什么就是什么，自己完全没有回击之力，也想不明白，但是现在，做了成长咨询后，她明显感觉自己的逻辑能力大大提升，这也令丈夫对自己刮目相看，更加尊重自己。

她说，以往那种别人说什么就是什么的无主心骨的感觉、无力的感觉，现在减少了很多。那种讨好的行为模式随着自信心的增强，悄然发生了改变。

但仍然有很多讨好者不清楚自己内在的情感状态和思考状态，让无意识的讨好行为在关系里反复出现。当我们缺乏觉知时，重复就只是简单的重复；只有当我们愿意睁开眼睛看自己在关系中的样子时，我们才有可能抓住疗愈的机会。

我相信，觉醒者都是勇敢的觉知者。觉知是指你要对自己有所了解，保持觉察的状态。它是一个临在的状态，是一个不带任何评价的状态。我们需要一个观察性自我来帮助自己，给自己提供反馈，提升觉知力。

弗洛伊德提出过一个非常有价值的精神分析实践技术——均匀悬浮注意（evenly suspended/hovering attention）。这是一种没有记忆和欲望的注意力，即分析师保持将注意力悬浮在半空，让分析的客体（通常指被分析者或来访者）引导悬浮的注意力，允许知觉、感觉、想法自由飘移，以此获得更多的心理空间，并增加对来访者无意识层面的理解。

当我们被情感冲击时，使用这种技巧可以帮助我们关注到不只是情感本身，还有其他任何背景的存在。这个过程，就是退一步，像分析师那样将注意力悬浮在半空，这样可以拉开一点情感的距离，只在当下观察客体（这里指情感以及全部背景），仅仅是观察，不代入其他任何角色，不多余使力气，不干涉，只是协助了解、记录。

我想邀请愿意改变的你，一起培养这种均匀悬浮注意力。这会帮助你改善讨好型人格带来的沮丧感。

我们要做的事情就是，观察，反思，体会，理解。观察是发生在最前面的，有了这个观察，就会给自己的内在腾挪出一个反思空间，能够有更加深刻的体会，最后会有扩展性的理解。

具体来说就是，当一件事情发生时，我们动用自己的感官、大脑、逻辑能力、感受能力，回看我们刚刚经历的事情，体会其中的情感、冲突，并对这些信息进行思考、加工，由此形成新的理解。这是站在当下回看过往、理解过往，又再次来到当下的历程。

要特别说明一点，在做接下来的几个步骤时，最重要的是诚实与不加评判。诚实，意味着真实，不加任何粉饰。这要求我们正视内心，勇于挑战我们的羞耻感。

评判会削弱我们的力量，所以我们要把评判当作邻居，暂且给它一个靠边的位置。你需要记住的是，在这个过程中，你不需要向任何人交代，不需要向任何人展示，也不需要任何反馈来让自己紧张。你只需如实地看着它们，和它们在一起。

当你做好这样的心理准备时，就可以进行下面的步骤了。

第一步是"观察"，观察发生了什么。这里包括看得见的事实、过程中产生的想法、伴随而来的情绪和感受。

比如，刚刚在办公室，领导和你说了几句话，你心里很慌，他提的要求你没有想清楚就答应了。你感到害怕，有点儿后悔，因为他提的要求你做不到。

此时，看得见的事实是什么？事实是，你答应了领导的一个要求。你产生的想法是"我不想给领导留下不好的印象"。伴随而来的情绪和感受是心慌、害怕、后悔。

均匀悬浮注意就像一面镜子，如实映照，不带任何评判与偏见，在它的眼中发生了就是发生了，出现了就是出现了。现在，你可以把事实、想法、感受分别提取出来，分类摆放。

有的人可能会问："我不知道什么是事实、什么是想法、什么是感受，怎么办？"没有关系，慢慢练习，你就能体会。

事实是一个事件，请你尽量以客观的角度去看。陈述事实时，你所使用的词语是描述性的。只描述发生的事件，类似于新闻的事件概要。请尽可能精确地描述。

想法是指我们对一些事情的看法及联想。比如"放假了，我好期待回到自己出生的城市，吃一碗热干面，去见见朋友"。

感受是指情绪体验的部分。描述感受的词语有很多，我们常说的喜、怒、哀、乐、悲、恐、惊都是基本的情绪，除此以外，还有沮丧、失望、无力、模糊、迷茫等；还包括身体的感觉，比如疼、麻、眩晕等。这些词语可以细化我们的情绪和身体感受。

大家可以一点一点地练习，不要急着在一开始就要把它们分辨得很清楚，只要慢慢练习，你的分辨能力就会提高。

第二步是"反思"。在这个部分，你需要不断地问"为什么"，并以此进行愈发深入的思考。根据刚刚的事实、想法、感受，问问自己"为什么"。

回到刚刚那个去见领导的例子。你可以这样问自己："为什么我要答应领导的要求？""因为我没有空间去思考，很慌乱。"再继续问："为什么我会这样慌乱？""因为我很害怕。"继续问："为什么我这么害怕？""因为我担心自己给他留下不好的印象。"继续问："为什么留下的印象不好会让我这么害怕？""因为对我印象不好是对我的一个评价。我害怕评价。"

你还可以继续问下去，至少问自己 5 个"为什么"。这样的向内问询可以帮你一层层直达问题的本质。如果你愿意诚实对待自己而非逃避，那么答案就会在一个个的"为什么"之后显现。比如，再问下去，你就会发现："我为什么这么害怕评价？因为妈妈这样说过我，她觉得我拒绝她就是伤害她，然后她就会不理我。"

你看，只要我们深入地探索，就会找到很多原因，它们一环套一环，你将有机会看到自己思维的连锁反应。在这个例子中，问到更深的层面，你就会看到："我答应领导是因为我害怕我的领导像我妈妈一样，会因我的拒绝而不理我，并且让我失去工作。"当你找到深层的原因后，接下来要做的事情是体会。

第三步是"体会"，这是一个内化的过程。任何事情，只有经过自己的心，才能变成自己的东西。

你捕捉到了自己的感受和想法，也看到了事实的发生，也问了无数个为什么，现在，把这些放在心里，让它们沉淀一下。你可以像往常一样工作、学习和生活，可以看任何你喜欢的书或电影，做一切能滋养你的事情。并不需要太多的努力，只要带着这些信息，你的无意识就会开始工作并给你回应。

我曾经在《拥抱你的内在的小孩：以爱疗愈内在的恐惧》里看到这样一段话：虽然我们会用各种补偿或者上瘾行为来掩饰

恐惧，但只要它仍然是一股潜藏的力量，就能造成长久的焦虑，毁损我们的创造力，让人变得严厉、疑心重重，最糟糕的是，**恐惧毁掉了我们对爱的追求。**

第一次读到这句话时，我心里一震，"恐惧毁掉了我们对爱的追求"这是一个我从未想到的视角，我也从未到达这个层面的理解。这句话让我感觉对恐惧那种复杂的、细腻的感受，终于能够被言说。

那一刻，我有一种被承托住的感觉。这种感觉来自我自己，经过了我的心，它也因此变得更加丰富。

细细体会我们的各种感受，带着对自己的善意，去探索、去寻找。

第四步是"理解"。理解也是一个过程。如果说前面的观察、反思和体会都聚焦在作为主体的"我"这里，那么到了理解这个阶段，我们不仅在聚焦自己，也开始聚焦他人、事物。在这个部分，我们开始建立"我和他（它）"的连接。

用自己的感受去理解一个人，用自己的思考去了解一件事，用自己的逻辑去明晰一个道理。再以上述案例为例，当你感受到和领导相处的压力、焦虑时，你将能够理解和你有类似经历的人，理解他们的感受。而当你能够感受自己的恐惧时，你就有机会了解你自己内在的那个受惊吓的小孩有多么无助。

在思考这个问题的过程中，你会发现，每个人在应对危机时都有自己的逻辑。

当你看到别人用尽了全力时，你也有机会看到自己的努力。这会帮助我们接受自己的局限。

在前面的章节里，我花了大量篇幅去描述感受、思维逻辑，想带给大家的正是"理解"。我十多年的临床经验让我深深地相信，**理解能够帮助我们应对痛苦**。

大家可以试着做以上四个步骤，一遍一遍做，慢慢形成习惯。我们一遍又一遍整理过去发生的事情，这相当于完成一次又一次的自我观察，自己对这个世界的理解也逐渐加深了。均匀悬浮注意就是在这样的观察中逐步创建出来的。有了这样的能力，你相当于得到了一个很有力的帮手。这对你来说大有益处。

如果你有一个咨询师，他也会成为你观察自我实践中的一个部分，给你反馈。你现在就可以尝试一下，一点一点，慢慢来。

练 习

找一个安静的地方，让自己的整个身体都放松下来，深呼吸可以帮助你做到这一点。觉察自己的念头，允许它们的存在，不带任何评判。

带着力量和智慧，我们继续邀请那束光来到你身边。这束光，可以以你想要的方式变换温度、亮度、色彩，直到你感觉舒服自在。

在这束光的陪伴之下，慢慢地回忆本章内容。

关于方法的力量，你在生活中有哪些与之相关的体会和思考？你曾经从中得到过礼物吗？

写下刚刚在你心里出现的内容。

第十五章

界限的力量 I：确立人我边界

第十四章我们谈到了培养均匀悬浮注意的方法。我们可以通过不断练习，提高敏锐性。渐渐地，你就能对自己有更多的理解。但是人们还是会被困住，这是因为，只从"自己"这个维度观察会有盲区。

我们仍然要回到和他人的关系里，去检验"是不是这样的"。这就是本章的内容：确立人我边界。

幻想中的人和现实中的人是一样的吗？幻想中的世界和现实中的世界有什么差别？你看到的世界是什么样子的，你的认知就会配合你，加深你的自我理解，但你看到的未必是世界原本的样子。

比如，如果我拒绝领导，他就一定会对我有不好的印象吗？答案是不一定。这要看对方到底是一个什么样的人，而且不同的人对不同的事，看法也不一样。此时，问问自己：你愿意赌上全部的力量来交换一个由他人决定的、不可控的后果吗？你有没有过这样的经历，明明自己在做一件成功概率只有一半的事情，但因为之前忽略了失败的风险，所以认为自己这样做，对方就会百分之百地按照自己想要的来回应。

当我们把评判自己的权力完全放到领导手里时，结果就会是"我必须做得很好，他才会对我有好印象；如果我做得不好，他可能会惩罚我。"当我们把评判自己的权力放到自己手里时，结果会是"我会尽力做好，并对人心存善意。如果领导对我有好印象，当然很好；如果领导因这件事对我产生不好的印象，那也不代表我这个人不好；如果是我的原因让他对我有不好的评价，我愿意改进。"

你看，这是两种不同的逻辑方向。有些人很享受卡在某个地方的感觉，因为那样可以保住幻想，认为只要自己做得好，别人就会按照自己想要的方式来对待自己。

这是一种非常无奈、无力的控制，因为内心的虚弱和失控，他们用"做得好"去控制他人对自己的印象，甚至不惜打开自己的边界，让别人随时可以对自己提出要求。这无异于把评判自己的权力拱手相让。

许多人一次又一次碰壁后才意识到，自己是无法控制别人的想法和看法的。只有意识到这些，人们才有机会真正从没有边界的感觉里挣脱。

这也意味着，你真正开始直面自身，开始直接为自己负责，开始建立自己的边界。

一个朋友对我讲述，她以前有一位朋友，那个女生总是提要求，比如让她帮忙买个东西。她本来觉得这些都是举手之劳，所以总是答应对方，直到有一天，她向这个女生求助，却遭到了对方的拒绝。她很生气，朋友之间难道不应该相互帮助吗？

气愤之后，她明白了，对方只把她当作一个"工具人"，而不是朋友，所以会理直气壮地让她帮忙而不帮助她。

这个朋友看清真相后，立马决定远离这个女生。其实，说"不"是对自己最基本的保护，也是对抗自己无力感的重要策略。

这个世界，有些人并不尊重规则。比如你希望一个人有基本的礼貌，他却觉得无所谓。尽管如此，我们仍要有自己内心的规则。

最基本的边界意识是"我有我的部分，你有你的部分。我们相互尊重，有时候会有相交的情况，但不等于我的就是你的"。这就是人我边界。

有些人会投射"你就是要依赖我"的权力感，此时，如果你认同他，你的力量就会被削弱。

在这种情况下，说"不"可以很好地维护你作为一个主体的存在感。在任何时候请记住：**你长大了，你不必依靠别人**。

这样的语言将给你提供力量。当你从现实中看到真相，你就会发现，别人让你依靠他，这只是别人的需求，你不需要处处满足他人的需求。

我也听到很多人说，不满足别人的要求，自己会很内疚。通常来说，拒绝别人时，我们除了要过恐惧的关，还得过内疚的关。应对内疚要看清谁要为此承担责任。最令人纠缠、痛苦的关系模式就是你要为所有人负责，所有人也要为你负责。

在这里，我想提几个问题。谁要为此承担责任？家庭关系的糨糊逻辑、共生幻想是怎样影响一个人的？以及武志红老师经常谈到的，为何家会伤人？

这其实也是一个边界问题，因为所有人的边界都不清晰。

孩子起初不清楚边界，这是很正常的。从出生到长大，人要经历从共生到分离的过程。当孩子的心理发育达到分离的状态时，他们需要父母的滋养，但很多父母没有能力滋养孩子的心灵发展。

他们和孩子的边界混沌不明，对他们来说，孩子并不是作为一个美好的个体存在和被爱的，而仅仅是一个"工具"。许多父母养育孩子，对孩子的期望是"你可以回报我多少？我供你吃，供你住，供你上学，你要偿还我"。最常见的偿还要求是"我养了你，家里的其他孩子、一切事务，你都得管"。

在这种家庭长大的孩子，往往一生都在负责父母的情绪，只要父母不高兴，孩子就得马上付出，满足父母的需求。所以，这些孩子总有一个任务——还债。如果不"还债"，他们就会内疚，认为亏欠了父母。这类人极易形成讨好型人格，因为在他们看来，负担起所有责任，就可以减轻内疚。

很多人还着还着，就还不动了。"还债"会透支未来，讨好者在不断为别人负责时，也希望有人来为自己负责。我们或许能猜到结果：他们的关系会变糟，他们很难快乐，他们既会攻击自己也攻击别人。

我想对这些孩子说："你必须停下来，开始为自己负责，这也是你最需要做的事情。"

当一个孩子拖着沉重的"人生债务"往前挪动，他有多少空间能感觉自己是幸福的、是有意思的、是有价值的？可以说，极少。我与很多讨好者进行过心灵交谈，其中很多人都有过消极的念头。他们的内心仿佛早就一片荒芜，对长出新芽毫无期待。

当他人对你投射出"你是工具"的想法时，你难道就变成工具了吗？他人眼中的你不是你真正的样子。你不认为自己是工具，你就不会是工具。你就是你自己，是一个人。

所以，当你的父母把本该由他们承担的责任压在你身上的时候，你可以说"不"。他们需要自己承担其应尽的责任，而不是你。同样，当你做决定的时候要清楚，是你在为你自己做决定，你要为此承担责任。

有一位朋友的妈妈动不动就以死相逼，过去，这位朋友一直顺从。终于有一天，她受不了了，向妈妈明确表态，生死是个人的选择，子女希望父母好好活着，但是也无权干涉父母的选择。

她的妈妈一听，愣住了。这么多年，孩子都听她的话，今天竟然不听了。此后，朋友的妈妈再也没有说过要死的话。

朋友在和妈妈做这番较量前，找我做了心理建设。我告诉她："分清界限。你妈妈是成年人，有选择的权利，有能力为自己的选择负责。你无法对她的选择负责，你只能对自己的选择负责。"朋友这种分清界限的处理方式不急不缓，不温不火，但力道相当足。

她清楚自己的选择，并选择以成年人的方式去承担。每个人都要为自己的选择承担责任，这是人际交往时最基本、最必要的界限。

家庭里那种为所有人负责的病态共生，会摧毁一个人活下去的信心和热情。你是打算放弃努力、把自己的能量耗干榨尽，还是勇敢地为自己出征，全在你一念之间。

希望你从现在开始，真正为自己而活。

希望你有力量，在这个世界，不惊、不惧、不悔、不怨地生活。

练 习

这是宠爱的时刻，请准备好安静的空间以及 15~30 分钟的时间。

相信现在你越来越能让自己平静下来了。祝贺你，也请你为自己高兴。如果对你来说静心还有些困难，没关系，慢慢来，按照让自己舒服的节奏来，你会看到坚持的力量。

好的，仍然找一个安静的地方，让自己身体的每一个部位都尽可能地放松，深呼吸，并且允许自己的每一个念头存在。只是去觉察，不做任何评判。

我们继续邀请那束光来到你身边。这束光可以以你想要的方式变换温度、亮度、色彩，直到让你感觉舒服自在。它可以持续地滋养你。

在这束光的陪伴下，请你思考：**你有拒绝他人的经验吗？那是一种什么样的感受？你从中获得了什么？**

如果没有，想象一下：**如果拒绝他人，会发生什么？**

在思考和想象的过程中，你可能会感受到一些身体上的不适，甚至有新的念头浮现，都没有关系，只是去觉知它们，并允许它们存在，接纳它们的存在。

写下你内心的感受。

从生活中很小的事情开始，当你不愿意做对方要你做的事情时，尝试对对方说"不"，并觉察其中的感觉。如果你觉得说"不"存在一定的风险，可以先停止，直到你觉得自己可以驾驭恐惧的时候再尝试，不要轻易放弃。

第十六章

界限的力量Ⅱ：建立时间与空间边界

　　讨好者缺乏主体性，所以，他们很难建立自己的边界感，但也非常值得，因为在建立边界的过程中，他们的主体性会慢慢建立。《过犹不及》一书里这样写道："界线可以标示我到哪里为止，别人从哪里开始，让我有'所有权感'。"

　　知道"我是谁""我可以做什么""我拥有什么""我的责任是什么"，我们将会更加自由。很多讨好者内心是不自由的。他们不清楚自己的边界，不知道自己的活动范围在哪里，因此产生很多不确定性的恐惧。

　　大家都知道，孩子们喜欢探知大人的边界，这也是安全感的边界。讨好型父母在对待边界这个问题时容易出现模糊和摇摆。比如，孩子对父母说："我还想听你给我讲故事，我现在一点儿也不困。"讨好型父母一般不会拒绝，但是，在讲故事的过程中，他们很可能会不耐烦。

如果你真的愿意，也很享受给孩子讲故事，那么这将是一段美妙的亲子时光。但是，如果你讲故事是因为你无法拒绝孩子，这就成了一件令你勉强又痛苦的事。

重要的是，孩子还以为你想讲故事（他认为的你的边界），会继续要求你讲给他听，如果你发火烦躁，孩子则无法理解："是我出了什么问题吗？爸爸妈妈为什么要发火呢？"也就是说，你给孩子传递了矛盾的信息。

孩子需要的是什么？他需要你直接坚定地告诉他你的边界。你不想讲，就对孩子说，你累了不想讲了。孩子听你这样说，一开始可能会闹一下，这很正常。注意，这个时候特别考验父母。因为孩子一闹，很多父母就会"崩溃"。

崩溃的原因很多，其中一个是父母觉得自己伤害了孩子幼小的心灵，他们会因此而否认自己、攻击自己，觉得自己不是好父母。这时父母可能再次突破自己的边界，孩子就更加困惑了："爸爸妈妈的边界到底在哪里？我要闹到什么时候就不能再闹了？"孩子会在心里不断地探知父母的底线。

好，现在就停下来。父母们需要时间来回看自己的边界在哪里，包括自己想做什么、能做什么。比如，你想给孩子讲故事，这是一个美好的愿望，你也去试了，可是你讲的时候总是走神或者容易发脾气，这就说明你要继续回看自己的边界。因为这表示你想做却做不到。

当然，很多人的"不能"是有很大扩展空间的，有些人通过成长能渐渐做以前做不到的事情。但是不管怎样，人总有自己想做却做不到的事。

感觉不舒服的时候要问问自己："哪里出了问题？"发脾气是一种对结果的反馈，它在告诉你，这里存在让你不舒服的东西。人只有在自己舒服的地方才会放松，才愿意友好地对待他人。

除此之外，我们还要关注时间边界，但很多人不清楚自己的时间边界。就像以上例子中的父母，他们很想给孩子讲故事，但通常一过晚上 10 点就讲不了了。那么，"晚上 10 点"就是一个时间边界，父母们要细细感受这个临界点。

从什么时候开始不能继续给孩子讲故事了？把这个时间稍微提前一点儿，找到你能做到的极限。找到这个时间点，就相当于画了一条明确的边界线，在这个时间前，可以讲；过了这个时间，不可以讲。

作为父母，你需要面对的困难是，孩子一定会用各种方式探知你的边界。你需要为自己的边界做一些事情，比如，帮助孩子应对你没有答应他而带来的挫折感。坚持自己的边界和帮助你的孩子确认你们之间的界限、树立他的边界，二者同样重要。

你需要耐心，需要时不时地回观自己："我在什么位置？是否又开始想要讨好孩子了？"不要惧怕孩子的哭闹，这是孩子受挫之后的正常反应，你安静地陪伴他，他在感受到挫折时也能够感受到你的爱。这样，他也将有力量应对挫折。

孩子们都愿意看到有力量的父母，因为这是他们建立安全感的基石。

你温柔而坚定的界限示范，是对自己，也是对孩子最好的帮助。

其实，很多人对别人的领地没有界限意识，认为别人的事也应该由他管，也由他说了算。

试想，一个公司的部门主管是讨好者。如果他处处为别人着想，到了不惜损害自己部门利益的地步，那么他几乎不会受人尊敬。因为他没有能力管理好自己的领地，遇到危机，只会息事宁人。

儿媳不想邀请婆婆帮忙带小孩，但是迫于经济压力不得不和婆婆一起生活。婆媳关系中，儿媳不停地忍耐、讨好，却仍不免发生婆媳大战，这背后也是权力之战。

谁是领地的主人？要怎样使用自己的权力？

如果你是部门主管，那么你要非常清楚自己的位置，担负起自己的责任。责任的边界是一个空间感概念，你可以做哪些事、有多大范围的自由，这是在部门主管这个位置上的人要想清楚的。

如果你是婆媳中的一位，你同样要找准自己的位置："这是谁的家？我们应怎样对待客人？怎样对待帮助我的人？我可以给对方多大的空间？"

明确这些之后，你就比较容易在自己的领地内做事。在做决定之前，你就要考虑，你能不能接受这个决定引发的一系列后果。如果你不能接受，更换方案是更加明智的选择。你需要知道到了哪个地方，你就不能再退让了。

我有一个朋友，她和丈夫结婚的前提条件就一个：结婚之后不和公婆住在一起。她知道自己和公婆住在一起会发生冲突，她知道自己的边界，所以，她选择在一个安全的地方着陆。

现在，她的孩子已经大学毕业参加工作了，她会在节假日和丈夫一起上门看望公婆，也会邀请他们来家里聚一聚，但不会让他们住下，双方都保持良好的空间边界，因而这么多年，他们的关系都很和谐。由此可见，知道自己能做什么、不能做什么，太重要了。

维持一个人的空间边界，意味着你要有强烈的意识，知道自己是这里的主人。你可以决定在你的领地里做什么、不做什么。如果你放弃自己的管辖权力，过分依赖他人，相当于变相地让他人对你进行殖民。与其等着在屈辱的时候怨恨、痛苦、恐惧，甚至报复，不如在这一切尚未发生时独立自主，潜心经营。

被别人拯救的幻想，会让你把自己放在一个弱小的位置上，削弱你的防御能力。不要惧怕当自己领地的"国王"，你的力量一直都在。当你真的触碰到它时，就会明白，为自己做主是一件多么愉悦的事情。

除了要有强烈的意识，你还要在过于焦灼、纠缠的关系中与对方拉开距离，使各方拥有各自的空间范围。我们现在已经越来越了解，讨好的关系模式容易使人陷入纠缠、痛苦、没有边界的共生状态。

在讨好模式下，关系变成线性形态，非黑即白，简单粗暴，关系中的人都有被入侵的感觉，而消耗感也在增加。

一位母亲向我哭诉她和孩子的关系。她觉得自己掏心掏肺地为孩子着想，孩子却不领情，还动不动给她脸色看。有好几次她都和孩子为此争吵，吵完之后，她又感觉很糟糕，很挫败。她看了很多心理学类图书，知道自己不应该这样，可当时就是做不到。这位母亲非常伤心地说："难道我错了吗？"不是她错了，而是用力过猛了。为人父母者，都想把最好的给孩子，但这种给予要有个度：管得太紧了，孩子勒得慌；管得太松了，孩子没有连接感。

说易行难。其中一个原因就是没有空间边界。这个例子中的母亲和孩子，在争吵的那一瞬间，不但没有守护好自己的空间，还镶嵌进对方的空间里。双方的空间都变小了，都感觉自己被对方入侵了。这样，双方自然都想保护自己的领地，于是开始防御性地攻击对方。

两个人需要保持一些距离，才不会因空间不足而感到窒息。母亲越是主动，孩子越想后退，退无可退时就会反抗。母亲需要做的是，往回撤一点儿，要有意识地提醒自己不能再越界。

每当情绪失控、歇斯底里的时候，试着按下暂停键，不要往前，也不要后退。现在局面非常不稳定，暂时停在这里，你的内在有很多情绪飘过，任由它飘过。时间会带来重启的空间与机会，等你缓过来时再回顾刚刚发生的事，你会发现不一样的东西。

你也可以问自己："为什么总是希望孩子接受自己的好意呢？为什么总是因为孩子不按照自己的想法做而焦虑呢？为什么要把那么多的时间用来照顾孩子呢？"

这样的问题可以促进你思考。当然，在思考的过程中，你可能会很难受。这是正常的，我们需要一些空间来容纳这些难受。

如果我们期待做一点努力就收到立竿见影的效果，或者只是想一下，就理所当然地认为世界会让我们的愿望实现，那么我们就容易遭遇更大的挫败。我相信这并不是你真正要到达的地方，在你逐渐思考、体会并明白之前的做法会让自己误入歧途，那么你会放弃急近功利的想法，慢慢迎来改变。

试着给自己更多的耐心。

练 习

请准备好安静的空间以及 15~30 分钟的时间。

找一个安静的地方，让自己身体的每一个部位都尽可能地放松，深呼吸，并且允许自己的每一个念头存在。只是去觉察，不做任何评判。如果念头太多，影响了你专注呼吸，那么你可以像老朋友一样，尝试邀请它们坐在你的身旁，而你仍然可以继续专注地呼吸。

我们再次邀请那束光来到你身边。这束光可以以你想要的方式变换温度、亮度、色彩，直到让你感觉舒服自在。它可以持续性地滋养你。

在这束光的陪伴下，回忆一下本章关于时间边界和空间边界的内容，看一下自己在日常关系里是否有这方面的困扰。你会经常把自己逼到悬崖边上吗？聚焦发生在你身上的事件，试着将对时间的感知变慢，把空间腾挪出来。

如果尚未消化的情绪过来打扰你，请对它们说："你来了，我知道了。"

尝试稳住自己的中心。

写下你内心的感受。

从生活中很小的事情开始，保持觉知，为自己创造空间。感觉到没有空间时，试着后退。你需要时间来缓一缓，让自己慢慢消化，再去应对。

第十七章

爱与支持的力量：停止受害者的自我催眠

提到爱与支持，我会想到大地、森林、海洋等，爱与支持是一种深沉而宽广的内在力量。

一个人真正发自内心地想改变时，除了要感觉到痛苦，还要能感觉到爱和希望，要能感觉到活下去是一件有意义的事情，这样他才愿意做出改变。

让一个人感觉到爱和希望，就要创造爱的空间、爱的环境。

讨好者的内心虽然非常渴望爱，但并不相信有人会爱自己。不要指责他们，请让我们对其报以深深的理解，这种不信任并不是讨好者故意为之的，而是他们无意识层面很深的恐惧在作怪。在他们看来，这个世界处处有危险，到哪里都要保持警惕，靠近他们的一切资源，都会被他们当作可能伤害自己的外来之物。这样的人，一边警觉着，一边继续待在受害者的位置，倍感痛苦。

爱的第一步是停止受害者的自我催眠。认为自己是一个受害者，当然会有诸多"便利"，比如让别人内疚、让别人对自己好。但这样做也会失去真正好好对待自己的机会与时间。

比如，一个人没有准备好就强迫自己为了某个人、某段关系而改变，那么他很可能会在无意识中怨恨自己为之改变的那个人，让自己成为一个受害者。

他们心里的声音是："你看，都是因为你，我才不得不改变。我在这个过程中遇到的一切障碍，都是因为你。"这样的声音会反复响起，并且不断强化。怨恨别人比面对自己容易得多，所以，很多人会紧紧守住受害者的位置。

他们没有想过这种方式对自己的伤害有多大。继续待在受害者的位置上，人会变得越来越不独立，越来越没有力量，越来越痛恨别人，也越来越痛恨自己。

这种痛苦会让他们改变吗？我相信会的。很多人来寻求心理咨询师的帮助，就是因为他们再也无法忍受某种痛苦。但这仅仅是个开始，后面的路需要更多爱的支撑。

受害者的自我催眠不会带来真正意义上的改变，它最主要的价值在于呐喊："你们看，你们是怎么伤害了我。"

但是，光呐喊，不实践，事情仍然得不到解决。如果你真的想改变，首先要避免受害者的自我催眠。

讨好者最常见的受害者心理是"都是因为××，我才这么惨""都是因为××，我才受了这么多苦"。如果有这些想法，讨好者的内心可能会受到冲击。因为他们本能的反应通常是"我不可以有这种感觉，我不能怨恨别人"，突然看到自己对他人的怨恨是一件冲击感很强的事情。

不苛责自己，允许这些感觉出现能帮助你发生更好的改变。你可能想要逃离，也可能想到一些可怕的事情。没有关系，当你意识到这些时，可以对它说"你来了"，然后继续回到自己的感受和体验里。

你可能慢慢会感觉到身体在发生一些反应，比如疼痛感、胸闷、心里堵得慌、恶心等。若这些感觉出现，请温柔地与之共存。

在这个过程中，如果你的情绪太过激烈，就尝试把情绪聚焦在某个身体部位上，通过深呼吸，让自己的情绪稳定下来。在这之后，试着回到之前的探索过程。

当你不那么急着逃离，不那么急切地把这些情绪处理掉时，你会发现，这些困扰你的情绪自行消散了。

在做这些事的时候，请你带着慈爱的心对待自己的那些念头。

从某种程度上讲，你内心的怨是一个小孩没有得到爱时的伤心和呼唤，不要指责它，让我们一起拥抱、陪伴、用心去爱那个受伤的小孩。

受了伤的小孩得到爱的滋养后，他会感觉充实，充满希望，感到活着的意义。

没有人一开始就苛刻地对待自己，苛待自己是在成长过程中渐渐开始的。要知道，苛待自己是在伤害自己，不是在爱自己。

但是很多讨好者从来都不吝啬对自己的苛待，他们事事要求做到完美，事事要求自己搞定。大家都知道，过度要求完美，其实就是希望以此证明自己有价值，证明自己值得被爱，但是，难道无法做到完美，就等同于没有价值、不会被爱吗？

我不这么认为。当我们还是小孩的时候，一些事情使我们相信，只要自己做得足够好，就可以得到爸爸妈妈的爱。

可是，若孩子认为父母是因为自己完美才爱自己的，那么他还会相信真正的爱的存在吗？

爱自己，就请停止对自己的苛责。世界上本来就没有完美的事。

事事追求完美，爱也就不会存在。追求完美，只是为了维持一个美丽的谎言泡沫。这个泡沫装点了孩子荒芜的内心。这是它的价值。但有一天，这个孩子长大了，若继续相信这个谎言，和小时候一样，坚信只有做到完美才能得到爱，那么当泡沫破裂时，长大了的孩子会像小时候一样出现惊恐、抗拒、否认、愤怒的感觉。

前文提到的那个不断被父母索取的女士最终意识到，父母没有真的关心过她，永远只关心她能给弟弟多少钱，父母一而再再而三地偏向弟弟，完全不顾工作正处于转型期的她。她倾其所有，险些把自己小家的幸福都搭进去，但她仍然没有得到父母的爱，这多么让人绝望啊。

好在那位女士终于意识到父母对她是剥削，不是爱。她痛苦了很长一段时间，晚上经常哭醒，睡不着，掉头发，她以为自己会活不下去。直到有一天早上，她醒来，看见阳光，听到鸟儿的叫声，忽然发现之前就像做了一场噩梦。过去的自己，就像生活在地狱，不被爱的恐惧一直环绕着她，她竭尽所能，抓住的也只是一个爱的幻影。

现在，她活过来了。她发现，这个痛苦是真实的，是让人崩溃的，但不是致命的。她长大了，不再是当年那个手无缚鸡之力的小孩。现在她不仅可以通过自己的努力养活自己，还可以让自己过得不错。

"不讨好他人→被抛弃→活不下去"的链条，就这样在晨光中断开了。虽然她还会受其影响，但是，这个影响力已经越来越小，越来越弱了。

穿越过痛苦，就会走到光明之处。

在电影《战马》中，农场主穷困潦倒，把家里弄得一团糟，他问妻子："你是不是不爱我了？"妻子说："我讨厌你多了一点，但是我对你的爱不会减少。"不是因为你有价值才能被爱，而是你的存在本身就值得被爱。

有一次，我对孩子做了一件挺糟糕的事，我向她道歉，问她："你是不是不爱妈妈了？"

她说："妈妈，我很不喜欢你那样对我，但是我爱你。"

这句话瞬间将我融化。我的孩子对我如此宽容，真正的爱总是很纯粹。

长大后，我们可以照顾自己内在的小孩，也可以给自己纯粹简单的爱。我值得被爱，不是因为我能干，不是因为我完美，而是因为我是我自己，我存在，这就值得被爱。

这个世界饱满的爱告诉你，你可以不那么用力，不一定要事事完美，也不需要对自己和周围的人那么苛刻。

你不需要讨好别人。别人喜欢或不喜欢你，那是他们的事情。你不需要对所有人负责，让所有人都高兴。

这样，你的世界会更加自由，你会简单地做你自己。可能你仍然要做很多事情，你仍然会感到心累，但你不会再白白消耗生命。你对这个世界会有更多的热情，你也能给这个世界更多的爱。

练 习

欢迎来到宠爱时刻，请准备好安静的空间以及 15~30 分钟的时间。

找一个安静的地方，让自己身体的每一个部位都尽可能地放松，深呼吸，并且允许自己的每一个念头存在。只是去觉察，不做任何评判。如果念头太多，影响了你专注地呼吸，那么你可以像老朋友一样，尝试邀请它们坐在你的身旁，而你仍然可以继续专注地呼吸。

我们再次邀请那束光来到你身边。这束光可以以你想要的方式变换温度、亮度、色彩，直到让你感觉舒服自在。它可以持续性地滋养你。花一些时间，让这一切慢慢地进行，你慢慢地连接那束光。

在光的陪伴下，让我们打开心门，看看自己经历的人生中有过高光时刻吗？ 那些让你觉得骄傲、自豪的时刻，那些你想为自己鼓掌欢呼的时刻。

当时发生了怎样的事情呢？你有什么感受？你能感觉到喜悦吗？还是其他的什么？

用你的笔记下你的感受，记下这个历程。请确认它发自你的内心。写完后，心里慢慢地品读。如果你愿意，可以把它分享给你的朋友，让他听到你的高光时刻。

第十八章

陪伴的力量: 让自己与世界建立更多连接

恐惧是讨好者想要改变时遇到的最大挑战。在感觉到恐惧的时候，很多人都有一个习惯，那就是本能地逃避。他们可能用讨好的方式逃避，也可能用远离的方式逃避，或者用其他破坏性的方式逃避。但这些都只是暂时缓冲，从长远看，这些行为不能帮助自己真正成长和改变。

真正让一个人不再被恐惧支配的方法，就是面对恐惧。话虽如此，做起来却不容易。恐惧本身已经让人抗拒，而对恐惧的恐惧，会使原本就处在恐惧中的心，雪上加霜。

如何面对恐惧? 你要先看见你的恐惧。

很多人不愿意看见自己的恐惧，因为那会显得自己挫败、弱小。

一位女士在丈夫出轨之后变得歇斯底里，愤怒异常。当她慢慢平静下来后，我问她: "你害怕吗? "她说: "不怕，我有什么好怕的，是他对不起我，是他伤害了我，我很生气，仅此而已。"

多年来，这位女士一直尽心尽力地相夫教子。她把自己的生活重心都放在家庭里，放在这个男人身上。然而，这个男人喜欢上了别人。她的愤怒当然非常剧烈，但是，她为什么说自己不害怕呢？有可能是她真的感觉不到害怕；也有可能，在无意识层面，她不想让自己感觉到害怕。

当她再一次被残酷的现实打击，看到丈夫的心已经不在自己身上的时候，她的心跳加速，手和身体不自觉地抖动。那一刻，她才发现，原来恐惧已经渗透到自己的身体里。她不是不恐惧，而是不能让自己恐惧。那些愤怒仿佛在说："这不是真的，这不是真的。"

身体不会撒谎。身体的每一个细胞都在对情绪做出反应。恐惧真实地发生着、被体验着。

她哭了。她意识到，原来自己这么需要这段关系，这么害怕只剩自己一人，原来她说的不害怕都是假的，其实内心怕得要死。原来她每次努力表现得完美妥帖，都是为了让自己不失控，不恐惧。

为了让自己感觉不到恐惧，她自欺欺人地表示自己从来都不会恐惧。但当她看到恐惧时，她的愤怒没有继续升级，在眼泪的冲刷下，她僵硬的身体似乎有了一点儿松动的迹象，面部表情也柔和了一些。

她似乎从来没有这么近地感受自己的恐惧。她体会着紧张，被恐惧淹没，也体会到放松。她在那里哭泣，也在那里悲伤。我们就这样在咨询室坐着，我没有说话，安静地和她在一起，陪着她。

渐渐地，哭声变小，她开始对我说，她刚刚经历了什么。她说，她仿佛看见一个蜷缩在角落里惊恐无助的小孩，脏兮兮的，没有人喜欢，没有人关注，连她自己也不喜欢这个孩子。这个孩子就是她内心的小孩，是她在很强烈的情绪中看到的曾经的自己。

她觉得这个小孩非常陌生，又觉得她们之间有着千丝万缕的联系。要不是这件事，她大概还是会习惯性地防御自己的恐惧而不自知。她不想看见这个无助的小孩，也不想看见自己的脆弱。

这次咨询后，她的状态发生了改变：浮躁急切的感觉减少了，多了一点儿踏实的感觉。

我们的咨询仍在继续，这使得她在面对自己、面对丈夫时，情绪的张力得到一定的缓解，并在心里渐渐感觉到被支持、被陪伴。慢慢地，她开始结交朋友，有了"自己是自己"的感觉。

我给大家讲这个例子主要想说，很多讨好者内心是极度恐惧的，他们需要深层次的陪伴。我的工作就是陪伴一个又一个茫然无措的个体，我见证了他们情绪的跌宕起伏，也见证了他们的勇敢和坚强。

我也被我的治疗师陪伴了很多年，度过了无数个非常难熬的时刻，她的存在让我知道有一个地方、有一个人可以听我诉说，可以不带评判地理解我、支持我。即便她有时候为我担心，也不会采取压迫的方式。

可以安静地陪伴我们的人，让我们看到生命里的光，让我们即便身在黑暗里仍抱有希望。面对恐惧，我们需要培养专注力，拓展爱的资源。

专注会让人幸福。你可以专注地品一杯茶，看一本书，这种感觉是美好的，能给你的心以滋养。专注不仅是对人的，也是对万事万物的。

至于陪伴，如果你身边恰好有可以深度陪伴你的人，请好好享受他的陪伴。若遇不上这样的人，就直接去找。

我觉得，寻求专业靠谱的心理咨询师的帮助是一种不错的方式，这是一个非常重要的建立深度陪伴的渠道。你可以借此得到非常专注的陪伴，也会获得一种被好好对待的感觉，让我们感觉活着是美好的。

记得有一次，有位学员问精神分析专家曾奇峰老师："在生活中找一个人聆听我、陪伴我怎么样？"曾老师说："可以，只不过，生活中很难找到这种专业的聆听者。"

这是一句大实话。每个人都想把心中的故事说出来，把许多复杂的情绪和感受向他人倾诉，可即便是好朋友，也做不到永远在我们需要的时候聆听我们。

朋友的陪伴和专业的心理咨询师的陪伴是不一样的。深夜，你心情不好，想找个人一起喝一杯，这时朋友就是你最好的陪伴者，可以安慰你的心情；当你有美物、美食想要分享时，朋友也是很棒的分享对象。

相对来说，交往越深的朋友，越能让你获得精神深处的陪伴与支持。一些朋友是可以深入交往的，一些就只是点头之交，还有一些会渐行渐远。没有关系，不论哪种，都值得你去交往，因为只有在关系中，你才知道自己会有怎样的反应，也才有机会与他人相互滋养。

你也可以参加一些培训班，如绘画班、舞蹈班、阅读班、手工班等，这些培训班也许能让你遇见灵魂契合的人，能与你相互陪伴，同时，这也是一个很重要的拓展爱的资源的通道。

另外，做细致的事情，比如绘画、手工，能让你与当下生活连接，在某种程度上提供陪伴的感觉。安静的心会帮助你提高专注的品质。安在当下，与当下深度连接，你与世界在一起，恐惧感会减少。

信任你的身体，聆听它的反馈。当它感到紧张、发抖、僵硬、酸疼时，你需要告诉自己，慢下来，静下来，并问问自己的身体："你想让我知道什么？"你可以尝试与它对话。这需要安静的时间、安全的空间，还有面对现实的力量和勇气。

有些人要在他人的陪伴下进行，有些人自己一个人就可以，都很好，看你自己的感觉和内心的需要。

如果有条件的，我建议你找人进行这样的对话，当然，对方最好是专业的。如果找不到专业人士，有个信赖的朋友在旁边，你也可以在心里进行这样的对话。若是计划一个人进行，则可以在你感觉安全放松的时候进行。

大家有没有注意到，我分享给大家的小练习，其实就是一个与自己对话的过程。写出你的情感、你的担忧、你的恐惧、你的渴望，这是一个非常有价值的历程，你必须动笔参与进来。

但要注意适可而止。虽然我总是鼓励大家勇敢，但每个人的极限是不一样的。有些人怕得浑身发抖，仍然可以继续做这件事，并不会有更强烈的反应，而有些人可能需要将节奏放慢才行。

我们要相信自己在关键时刻的直觉。你觉得不可以，在那一刻就是不可以，不代表以后不可以。之所以出现这种情况，只是因为当时恐惧的强度太大，超过了你当时的承受范围，缓一缓，你的勇气和信心会逐渐增强。

当你经历了很深的恐惧，并且从这个恐惧中走出来时，如果你那时进行反思，就极有可能得到一件礼物。

就像本章一开始那个例子中的女士一样。她一直认为丈夫那里有她的希望，直到致命一击的出现，她在剧痛中震颤，在恐惧中苏醒，她发现自己才是自己的希望，照亮黑暗的光就在自己身上，在合适的时候就会射出来。虽然现实让她疼痛得想要逃离，但是，当她找到光，她的内在就迸发出前所未有的力量。那力量不是来自事事做得完美、依附他人、索取，而是来自创造，来自为自己连接想连接的人和事的渴望。这是一种非常有力量的、踏实的感觉。

每个人都知道一些道理，也常从书上看到很多智慧的观点，但这些智慧在成为你的体验之前，都只能被叫作知识。

真正变成你的智慧的，是经过了你的心，并能与你产生连接的东西。当你分享它时，它带着独特的生命力量；当人们听到它时，也能感受到它的真实与踏实。

每个人的内心都有很多生命的智慧，它们藏在痛苦背后。当愤怒、焦虑、孤独、羞耻袭来，它们像是要吞噬你、折磨你，但若你带着直面恐惧的勇气去迎接，去面对，你就会发现宝藏。

我这么说，并不是鼓励大家为了宝藏而特意寻找痛苦。刻意寻求痛苦是寻不到宝藏的。

你必须对自己诚实，一步一步地走过去，重新连接那些断裂之处，重新面对自己一直逃避的东西。

当下的勇士们，你将为自己感到骄傲！

练 习

找一个安静的地方，让自己身体的每一个部位都尽可能地放松，深呼吸，并且允许自己的每一个念头存在。只是去觉察，不做任何评判。

我们再次邀请那束光来到你身边。这束光可以以你想要的方式变换温度、亮度、色彩，直到让你感觉舒服自在。它可以持续地滋养你。花一些时间，让这一切慢慢地进行，你慢慢地连接那束光。

在光的陪伴下，邀请你的恐惧到你的面前，试着与它进行一场对话。

你可以给它取一个名字、给它写一封信，字数可多可少。

然后，假设你就是那个恐惧，再以这个身份，给你自己回一封信。

品读自己写的这两封信，如果感受到什么，就继续写下来。

第十九章

哀悼的力量Ⅰ：4个阶段，走向光明未来

讨好者大多不怎么快乐，对他们而言，获得快乐的能力似乎快消失了。小孩们天然拥有快乐，一些成年人不是没有快乐，而是不会快乐了，他们快乐的通道被封住了，被各种各样的压力、情感给堵住了。

几年前，有一个来访者，她一到咨询室就说："我的一切都很好，我家庭幸福，经济条件还不错，有房子，有工作，有孩子。而且，看起来得到这些都很顺利。"我问她："你一切都很好，为什么要来咨询呢？"她说："我也不知道，我就是想来。"

她说这些话的时候，有一丝难以察觉的忧伤。她不知道为什么来咨询，在意识层面，她说不出来，但她的无意识知道答案：她想来面对自己，探索自己。

我对她说："虽然你说一切都很好，但是你好像并不快乐。"

她愣住了，随即像是被什么东西砸中了一样，不说话了，眼泪慢慢滑落。

她说，她什么都听父母的，学琴、考学校、进单位、结婚、生孩子，每一步，看起来都很好，但她越来越厌倦这样的生活。常人难以理解，像她这样顺风顺水的女孩，怎么会这么"矫情"。

其实这不是矫情。如果你能进入人的内心世界，你会发现每个人的反应都有其原因。这位女士之所以越来越厌倦自己的生活，是因为她从来不觉得她是为自己而活。在人生的重大事情上，她几乎没有什么自己的意见可言，她就像一个提线木偶，早被设计好了路线，只要照着走就好了。

没有真正活过的生命，就不是自己的生命。她是在养育孩子的过程中察觉到不对劲的。看着孩子哭闹，她开始觉得事事听从父母的建议，好像有问题。

渐渐地，她发现自己想发脾气，而且这种冲动愈发强烈。她不知道哪里不对劲儿，就是感觉不舒服。

她不快乐！是的，在别人看来，她拥有美好的生活，可是她不快乐！她失去了什么呢？她失去了自由快乐的童年，失去了冒险精神，失去了自己做决定的能力，甚至失去了自由意志。

她失去了自己。

一个什么事情都听从父母意见的人，要想找回自己，真的不容易。但是，她决心要找到自己，不想这样过完后半生。坚定的决定本身就带有信心的力量，这对她很有帮助。接下来，我们在一起又走过了三年，直到她觉得自己可以离开，这段咨询才结束。

那个时候，她已经很清楚自己想要的人生方向，也很清楚自己能够做什么。她会遇到困难，但她也有应对困难的能力。她专业能力出众，又被单位器重。她感觉很好，但这个时候的好，不再是之前别人都说她很好的那种好，而是和她自己有很深的连接、朝着自己喜欢的方向走的那种好。她走得比以前稳健多了。

我看到生命是怎样走过险滩，走过荒野，走进森林，走向朝阳的。

她做了什么呢？她来的时候，很忧伤，为她那些无法言说的失去。我们做的很多工作都是在哀悼她的失去。她经常哭，非常悲伤，感觉自己无能为力，感觉到不听话时的恐惧。她也会愤怒，对单位领导、对自己的父母、对同事，包括对我。但她非常勇敢，所谓"过往不念"，一定是她走过了哀悼期，才接受了那些丧失。

由失去到接受，这是哀悼的过程。

哀悼的第一个阶段，否认。

否认，是最简单的事。如果我们否认发生过的事，就不用为它痛苦。否认会让人看不到事实，只看到自己想看的。这是一个很重要的保护机制。如果一直待在否认的阶段，人的心理发展就会停滞。但因为这一阶段痛苦程度最轻，所以"否认"非常受欢迎。

与否认相关联的是隔离，就是让自己与很多情感隔绝、分离，这样，人就感觉不到痛苦了，但痛苦仍然存在，一旦痛苦击穿了这个保护机制，人就会进入第二个阶段。

第二个阶段，愤怒。

在这个阶段，人已经意识到事情确实发生了，对发生的事非常愤怒，并且感到被羞辱。在前文丈夫出轨的例子中，那位女士一开始的否认很快就被痛苦击穿了。进入第二个阶段后，她爆发出歇斯底里的愤怒，像是要毁天灭地一样。她觉得自己做了很愚蠢的事，竟然爱上了这样一个人。

痛苦的程度自然不用说，她的自恋碎掉了，整个人仿佛要崩解，赖以生存的共同体离开了她，她当然会极其愤怒。

有一个常见的词：**不甘心**。

人不甘心就会陷入纠缠、讨价还价的状态。纠缠是人遇到挫折之后幻想出来的状态，人会忍不住攻击别人，也攻击自己。

这时，会有很多偏执的力量加入，人好像变得骁勇善战。这是一种挣扎式反抗，会让人使出浑身解数，不肯松手。

纠缠往往会让人损失很多的时间、精力，甚至财富，人也因此变得更不甘心。随着时间的流逝，在一次又一次的愤怒里，有人开始给自己有质量的回应，有人开始支持和理解自己，人的一些感觉会发生变化。慢慢地，人会进入第三个阶段。

第三个阶段，哀伤。

到了这个阶段，该说的也说了，该愤怒的也愤怒了，能消耗的也消耗后，人们便会陷入一种沉静而疲惫的状态，慢慢开始意识到，事情就是发生了，而自己能力有限，只能做到这样。

这是一个直面丧失的阶段，人们将会看到自己失去的一段关系，失去的机会，看到自己失去的青春，失去的快乐，失去的勇气，失去的期待，失去的幻想。

这些之前不曾看过的景象，将给人们带来极大的空虚感。有人将空虚感描述为"心里有了一个洞，怎么也填不满"。

这个阶段的痛苦让人非常难熬。在否认和愤怒阶段，人可以向外攻击，可到了哀伤这个阶段，如果熬不过去，人就会抑郁，将攻击指向自身，因此这是一个比较危险的阶段。

抑郁有一个功能，是将自我的各个部分重新分解，弃其糟粕，取其精华，部分重组，造就一个更有力量的自我。

在这个阶段，之前的躁狂式反击、拼命式纠缠，都得到被重新思考和安放的空间。

这相当于对过往经历的反思与重构。当这些经历慢慢沉静下来之后，人会进入第四个阶段，也是最后一个阶段。

第四个阶段，接受。

在这个阶段，已经发生的事实变得可以接受，提起它们，人们的心里还是会有感觉，但不再像以前那样直接陷入情绪的旋涡，开始有了相对稳定的自我存在。

人们会渐渐发展其他关系，重新建立连接，人们逐渐恢复对身边事物的兴趣，甚至发现更多感兴趣的事物；人们不再像往常那样贪恋幻想的温柔乡；面对过往，人们知道当时的自己尽了全力，如果有什么没做到，也是因为自己有局限；人们对自己的苛责会减轻，内心有一些空间能容纳自己的情绪，对周围的人和自己都变得宽容；以前非常在意的事情，也没有那么让自己揪心了；人们会体验到踏实的感觉，心开始变得安宁、坚定。

以上四个阶段并不是完全独立的。比如，在否定阶段，也会有愤怒；在愤怒阶段，也会有哀伤；而在哀伤阶段，也会时不时地愤怒，感到羞耻和孤独，一次又一次地想逃离。

这四个阶段都需要我们给予自己更多的耐心和陪伴。否认的价值在于保护我们免受强烈的冲击，这个阶段需要我们对自己有更多的尊重，一味地逼迫自己面对现实是没有用的。在愤怒阶段，我们需要表达、宣泄。我们可以和自己的咨询师谈谈，和朋友谈谈，或者其他可信任的人谈谈，也可以参加一些团体，帮助自己表达愤怒。有的人会选择运动，比如拳击或击剑。在哀伤阶段，人们会比较沉静，但这个阶段，人们也需要表达，只不过和愤怒阶段的表达不一样，人们在哀伤阶段会更多地聚焦于内在的悲伤感。我们可以使用艺术的方式表达哀伤，比如书写、绘画、舞蹈等。而在最后一个阶段，我们不需要多做什么，慢慢走过前面几个阶段，自然就到了接受的程度。

人的一生会经历各种各样的丧失，哀悼是非常重要的心理过程。我们是在丧失和哀悼中前行的。

大多数人能够很快地从小的丧失里走出来，工作、生活不受影响。一旦遇到大的丧失，每个人的心理结构不同，受到的冲击不同，走出来所需的时间也就不同，工作、生活难免受到很大影响。

还有些人一生都在愤怒、哀伤或抑郁中度过。接受丧失是非常难的一件事，其中重要的一点是要有足够的时间，每个人需要的时间、节奏都不一样。

我的父亲去世很多年了。他刚刚离世的时候，我刚开始心理咨询的学习，我知道有哀悼这么一回事。见到我的咨询师后，我对他说："嗯，我要哀悼我逝去的父亲。"

谁知道，我在意识层面那么努力，无意识却来捣乱，我始终无法开口讲述关于父亲的一切。这种状况持续了好几年，后来，在咨询师的陪伴下，我才能开始谈论他。

现在我才明白，当时，我的内心根本不想面对父亲已经走了的事实。

开始提及父亲时，我进入了非常哀伤的状态，甚至无法对咨询师说出我对父亲离开这件事的愤怒，我舍不得他，我还没来得及去爱他，又怎么舍得恨他呢？又过了几年，眼泪终于没那么多了，我才能谈一点儿愤怒，然后陷入哀伤，就这样反反复复，真的非常艰难。

一个人有了这些经历才会知道那个叫"心"的地方会有多疼。请给自己时间，从疼痛中慢慢缓过来。当你可以面对现实时，你的无意识会给你信号。人们总是急着完成一件事，再马上去做另一件事。**依我看，心灵的事最不能着急**，着急也没用，你的无意识掌握着总体节奏。

我相信，每个生命都有自己的生长速度。

找到让你感到安全且可以陪伴你哀伤的人，就像前文讲到的，慢慢尝试连接更多的资源，感受爱与支持的力量，这样，人比较容易从失去里走出来。

人成长的终极问题是自恋的问题。

丧失也是一样，所有的丧失都会经历自恋挫败。当你把自己慢慢建设得更好时，那些失去就无法撼动你的根基。

练 习

这是宠爱自己的时刻，请准备好安静的空间以及 15~30 分钟的时间。

找一个安静的地方，让自己身体的每一个部位都尽可能地放松，深呼吸，并且允许自己的每一个念头存在。只是去觉察，不做任何评判。如果念头太多，影响了你专注地呼吸，那么你可以像老朋友一样，尝试邀请它们坐在你的身旁，而你仍然可以继续专注地呼吸。

我们再次邀请那束光来到你身边。这束光可以以你想要的方式变换温度、亮度、色彩，直到让你感觉舒服自在。它可以持续地滋养你。花一些时间，让这一切慢慢地进行，你慢慢地连接那束光。

在光的陪伴下，从身边找一个方便触摸的物品，用它代表你的过去。可以是枕头、书或者其他你觉得与你的过去有关的物品。找到后，安静地看着它，以"亲爱的过去"为开头，在内心与它进行一场对话。

你可以把这么多年来想要对它说的话，都说出来。

写下你和它的对话。

第二十章

哀悼的力量 II：6 个关键点，让你勇往直前

应对哀悼需要时间，时间既让我们绝望，也给我们希望，时间会慢慢抚平创伤。

前一章我向大家介绍了哀悼的过程。本章，我想谈一谈具体该怎么应对。这里有 6 个关键点助你过好往后余生。

第一点，我允许自己难过。

请让我们用仁慈的心对自己说："我允许自己难过。"

在经历了那么多丧失后，我们已经非常难过了，我们能为自己做的最重要的事情，就是允许自己难过。不管你正在经历哀悼的哪个阶段（否认、愤怒、哀伤、接受），都请允许自己充分地经历它们。

否认是非常正常的。对所有人来说，丧失都是痛苦的，人们防御痛苦最常见的模式就是否认。

残酷的真相与事实让人想逃避。即便你第一时间就否认，也很正常。就我了解到的人而言，面对丧失，第一时间不否认的极少，大概每个人都会否认，只是时间长短的问题。有的人可能会否认一个晚上，第二天就接受了事实，有的人可能要花很长时间，极端一些的，甚至要用一生去否认。

否认的时候，人会自责，可能会觉得是自己导致了这一切，也可能会责怪别人，觉得是别人干的坏事。不管是哪一种，底层逻辑都是对逃离痛苦的渴求。

一个人如果力量足够强大，就没有必要逃离，自然会选择面对。很多人会对自己和他人抱有非凡的幻想，觉得人不可以在痛苦面前退缩，因为大家都希望自己拥有力量，但作为人，我们总有脆弱的时候，不能要求每个人每时每刻都勇猛无比。

有非凡幻想的时候恰恰也是我们脆弱的时候。请把我们自己，以及身边的人都当作一个人，以仁慈之心，允许自己和他人脆弱，允许自己和他人否认事实。当"不可能，为什么会这样"的感觉产生时，不要评判，不要增加责备的枷锁。

同样，当你愤怒、悲伤时，也请允许自己愤怒、悲伤，不要强迫自己马上从这种情绪中走出来，因为这真的需要时间。

第二点，尊重已经发生的事实。

已经发生的事是事实，值得被尊重。偶尔逃避事实是正常的，但如果逃避成为一种习惯，并且影响了你的生活，请用一种有力量的方式告诉自己："我不会再逃避，我尊重已经发生的事实。"

人们会用指责来对抗事实，比如，你为了讨好别人，付出了巨大代价。事情的结果让你感觉难以承受，于是你将责任向外转移，这是一种防御痛苦的方式。虽然这在一定程度上缓解了内心的痛苦，但解决不了根本的问题。当你指责自己或他人时，请尊重这种指责，同时让它停下来。指责是把刀，伤人伤己。

指责通常有两种方式：第一种是指责他人，认为他人要为事情承担全部责任，所以想通过批评的方式让对方难受，以缓解自己的痛苦；第二种是指责自己，内在的自我分裂出两个不同的部分，其中一部分高傲、完美的自我会指责那个不够有能力的、搞砸了的自我。

这两种方式，一种向外攻击，另一种向内攻击。但不管朝向哪里，指责都会加重人们内心的罪恶感，也会削弱自己的力量。

因为在哀悼的过程中，内疚与指责是反复出现、互相伴随的。

在愤怒的指责之后，许多人会感到非常内疚，觉得不应该那样指责别人。内疚是一种令人非常难受的情感体验，其中包含自己没有做好、没有尽责的体验，甚至还有因自己伤害了别人而产生的悔恨。内疚的痛苦，同样让人想逃避，于是内疚会再次转化为愤怒的指责，从而形成"内疚—指责—内疚"的循环。

我们需要看到自己使用了哪些方法来逃离痛苦，需要了解自己出现了哪些情绪。在这里，我们可以调动均匀悬浮注意，观察这一切。如果你觉察到指责，不要评判，既然事情已经发生了，请尊重它。

请尝试用温柔的方式让自己平静下来。你可以对它说："我看见你了。来，请坐到我旁边来。"

第三点，我是有力量的。

当你进入情绪的中心去体验情绪时，请不要逃避和对抗，你可以告诉自己："我是有力量的。"当你否认事实的时候，试着思考自己产生了什么样的情绪，尽可能去直面它们。

你是有力量的，请继续以一种温柔的方式允许这些感受的存在，给它们足够的空间，不要急着让它们消失，或者一定要它们彻底消失，让它们待在那里就可以了。让这些情绪流经你的身体、你内在的心智空间，直到它们慢慢地离开。

在这个过程中，你会看到一个情绪抛物线。最开始，情绪激昂地发生、上扬，到达顶点，然后慢慢地变弱，直到回归平稳。许多人体验过这样的情绪过程之后，对情绪的恐惧感开始降低，且由于对整个过程有了一定的了解，内在的失控感也减轻了，相应地，自己的控制感也在增强。

每当你陷入情绪时，你都可以静静地体会这些感受的存在，感受有力量的自己。

第四点，我是安全的。

说出你的故事，做一些积极的尝试，并告诉自己："我是安全的。"

写下自己的故事就是与心灵在对话，你可以天马行空、自由自在地写。写是一种表达，一种宣泄，也是一种整理。写完，你还可以说出你的故事。

不要惧怕说出自己的故事。人类是高级的情感动物，有情感连接的需要。找到可以倾听你的朋友、咨询师，或者加入一个安全的团体，找到值得信赖的人听我们的故事，我们的痛苦就会被分担。

只要别人愿意倾听、能让你感觉安全，你就可以向他们倾诉，和他们讲讲事情的发生、经过及结果。

有人倾听你，便是在你和他之间创建了一个承载情绪、安放痛苦的空间。

一位学员分享了这样一件事。小时候，她害怕妈妈不高兴，经常说谎话讨妈妈开心，甚至说了很多子虚乌有的事情。一次，她的谎话引来一场家庭大战，在争吵打闹中，她的奶奶受伤住院，半年后去世了。

这个学员当时只有七八岁。多年来，她一直不能原谅自己的过错，认为是自己害死了奶奶，对她很好的奶奶。

在她分享了自己的故事后，现场的很多朋友给她反馈："这不是你的错，大人们本来就有问题。""你当时还小，无法承担，你太害怕了，所以才用说谎的方式讨妈妈开心。""你真的好勇敢，可以把它说出来。""我也有类似的经历，特别理解你的感受。我们都特别不容易……"

听到这些反馈后，她哭了。讲自己的故事时，她流下了委屈的眼泪；而这一刻，她流下的是感动的泪水。她一直觉得自己很坏，没想到，在场的朋友接纳了她的故事，这让她真的感觉好了一些，心里那一块冰冻的东西，开始慢慢融化。

因为心里一直藏着秘密，她和别人好像总有一种距离感，这让她没有办法交到很多朋友，也让她更加孤独。但是，与别人分享自己的故事让她感觉到，自己同他人之间是有连接的，因为她发现一些人与自己有类似的经历和感受，这让她觉得自己是有同伴的。就连她一直认为的自己内心的"邪恶"都变得没有那么黑暗了，它们得到了理解。

对被他人否定的恐惧，是她一直讨好甚至不惜说谎的根本原因。她一直没能发现这个恐惧，只是一味地责怪自己伤害了家人。而在场的朋友给她的反馈，帮助她重新理解和认识了自己内心那些扭曲的想法。

我们可以通过各种各样的方式成长，借助同伴的力量便是其中一种。我们可以通过从同伴那里获取信任理解、尊重与支持的方式，提升自己的安全感。

第五点，我有能力告别。

我们可以给自己举行一个告别的仪式，用一个肯定的句式给自己信心。在心里这样告诉自己"我有能力告别"或者把这句话写在自己的本子上，对着镜子念出来，也是不错的选择。

当自己的故事被一遍又一遍地诉说时，我们的情绪便会随之流淌。在关系的滋养下，在自我成长的帮助下，我们能够慢慢接受已经发生的事实，再提到它们的时候，情绪也不会那么激动了。这也意味着，一段哀悼的历程即将结束。

有些人并不需要仪式，而对有些人来说，仪式很重要，甚至需要多次重复仪式。在我的经验里，告别的仪式会帮助我们缩短哀悼的历程，因为告别仪式其实是一种现实层面的告知：这件事情已经发生了，现在它已经过去了。

你可以为自己的告别仪式做一些创造性的准备：一个告别的礼物、一段特定的时间以及对你来说很舒服的空间等。这些都是告别仪式的一部分。一些人会选择在旅行时进行这个仪式，比如在某个神秘的小岛、某个有纪念意义的小屋。每个人采取的方式都不一样，无论哪一种方式，只要能表达内心情感的需要就行。

有个女孩去草原用石头和小花摆了一个烟花造型，纪念过去的一段恋情。她和那个男孩在草原相遇，并迅速进入相互折磨的关系模式：女孩子习惯讨好，男孩子过度入侵和控制，最终这段关系以男孩的背叛结束。这个女孩在很长一段时间内都无法接受，她痛恨男孩的背叛，更痛恨自己的卑微讨好。

在长达三年的时间里，她一度难受到无法工作，但她一步一步挺了过来。她去旅行，还参加了一些社会团体、心理成长工作坊，并开始精进自己的英文，后来她得到一个深造的机会。当她走向更广阔的世界时，才发现自己当年是多么的脆弱与幼稚。在学习深造的一年里，她修复了自己。

回国后，她去的第一个地方就是他们相遇的草原，她在那里用小花和石头摆了一个烟花的造型。她说，自己曾那样用力地绽放，是这段关系让她真正开始面对自己，而现在，她找到了自己，也走了出来。

这个仪式让她真正与那段经历告别。至此，过往留在过往，她走向未来。

第六点，我可以继续往前走。

请用肯定的句式告诉自己："我可以继续往前走。"哀悼是一个过程，更是一个阶段。人在很伤心的时候，是做不了什么事情的。但是如前所说，情绪像一条抛物线，当它得到充分的允许、表达时，会回落到正常范围。在内心相对平静的时候，该做什么就去做什么。虽然难免会触景生情、难过悲伤，但这些都会过去，日子还要继续过。

一个积极的鼓励会让我们看到希望，也会让我们更有信心。既往失去的那些再也回不来，而我们从那里收获了很多教训与人生道理，知道了自己的局限，看到了自己的努力。这些会丰富我们的内在，让我们内在的力量变得更加强大。

如果你内心有空间容纳这样的肯定力量，就请多鼓励自己。如果你觉得自己的力量不够，可以向身边信得过的人、理解你的人寻求协助，请他们定期给你鼓励。但不要让鼓励变成一种负担，请自己把握节奏。

带着伤痛往前走是人生的常态，没有人可以把所有的问题都解决了才走下一步的。即便我们仍有恐惧，仍会焦虑，仍会伤心，仍会愤怒，我们仍然可以积极地投身于与事物的连接，去看看周围，感受事物的线条、光泽、颜色；去体验连接的感觉；去勇敢地碰触。

温尼科特说过："创造性比其他任何东西都能使个体感到生活是有意义的。"我们会失去，会痛苦，但我们也可以以任何可能的方式重新创造。创造会让我们感觉自己有力量，有意义，有希望。

练 习

这是我们与自己在一起的时刻，请准备好安静的空间以及15~30分钟的时间。

找一个安静的地方，深呼吸，让自己身体的每一个部位都尽可能地放松，并且允许自己的每一个念头存在。只是去觉察，不做任何评判。如果念头太多，影响了你，那么你可以像老朋友一样，尝试邀请它们坐在你的身旁，而你仍然可以继续专注地呼吸。

我们再次邀请那束光来到你身边。这束光可以以你想要的方式变换温度、亮度、色彩，直到你感觉舒服自在。它可以持续地滋养你。花一些时间，让这一切慢慢地进行，你慢慢地连接那束光。

在光的陪伴下，我邀请你进入一个你没有完成哀悼的丧失，它可以是失去一份工作、一个机会、一个人，以及逝去的时光，去感受它，花一些时间，不要着急。

当你能感觉到它时，用颜色、形状来形容你的感受。你可以用一些句子写出来。

写完后，请花两分钟静默。

接下来，我邀请你去看看，在这次丧失里，有哪些力量帮助了你，使你活了下来，来到了现在。

不用着急，去感受、去连接。每个人都有力量支撑自己离开那时的痛苦，一步一步来到当下。

也许是你自己，也许是其他人，甚至是自然界，你一定得到了什么力量的帮助。

找到它，与它在一起，它就是属于你的力量，是你未来可以继续使用的力量，也是可以陪伴你、滋养你的力量。

请你描述这些力量，与值得信赖的人分享。

第二十一章

扎根的力量：5 个方式，让自己盛情绽放

无论敞开的依附还是逃离的孤独，自我的根基都不在自己身上。脆弱的心灵曾经想把这个根基扎在别人那里，但是，现在我们知道，这是不行的。

处在虚妄的幻想状态是无法扎根的，因为幻想本身就是在逃避扎根。一些人会说自己没有根基，其实不是。所有人都有根，但不是每个人都能把自己的根扎下去。没有扎下去的根会随着整个人飘荡，让人找不到归属感，也没有安全感。

有讨好特质的人，就是没有扎稳自己的根。而要扎根，我们可以这样做。

第一步，让自己变得重要。

你会不会经常舍不得为自己买好一点的东西，却在给喜欢的人买这些时，毫不犹豫？有些人很享受给所爱之人提供丰厚

的物质，这无可厚非，但还有一些人，会把这样的给予变成委屈的付出。如果你是后者，就可以通过以下方式改变自己。

你可以在行为上采取行动，把满足别人变成满足自己。遇到自己喜欢的也买得起的东西，果断下手，用喜欢的东西滋养自己。这样做并不容易，尤其是对具有讨好型人格的人来说，他们已经习惯把别人放在更重要的位置上。

意识到把别人看得太重而忽略了自己，也了解了自己的卑微与恐惧，这还远远不够。我们最主要的任务，是为讨好模式带来一些实质性的变化，所以，我们要行动起来做一些事情，帮助自己。

如果原来的行为方式让自己不舒服，就换一种方式，这至少是一个积极的尝试，表明你在探索其他的可能性。有些人不敢让自己变得重要，总觉得羞耻。这有可能是因为没有被这样重视过，不习惯这种被重视的状态。

我要对这些人说的是，你当然配拥有好的东西。如果你买了喜欢的东西，不管昂贵还是便宜，只要是你想买的，就有买的价值。你买得起自然很好，你买不起，不代表你就不配拥有它，将来时机合适时照样可以拥有它。

让自己的内心变得重要而珍贵，这是灵魂层面的骄傲，你可以直接满足自己的需求，不需要其他人的迂回成全。如果有人愿意满足我们的需求，那当然更好，如果没有，你要试着适应自己本身就能满足自己的方式，并且要善于利用"自己"这个最大的满足资源。当你觉得自己的愿望和需求都能被善待和尊重时，你会觉得自己也值得被善待和尊重。

不要忽略"自己"这个最大的资源，它会让你变得重要。你需要把自己当个人来看，你不是谁的工具，也不是随便可以丢弃的玩偶。你需要自由，需要休息，需要享受快乐，虽然不可避免地会体验悲伤，但这就是每个人都会经历的。也请记住，你不是神，你不可能搞定所有的事情。

第二步，让自己变得灵活。

我把自我力量的沉淀比喻成扎根，把外在的干扰比喻为风。很多具有讨好型人格的人因为根基不稳才经常摆荡，外在的声音、意见很容易把他的自我带走。就好比当我们没有足够强大的力量时，风很容易成为伤害我们的外在因素。

请让自己变得灵活。当听到外在的声音时，回到内心，问自己："我有什么想法？我是他们说的那个样子吗？"你需要有自己独立的判断，不做别人眼中的父母、伴侣和孩子，你是你自己。即使受到他人评价的冲击，随风摆一摆，也就只是摆一摆，枝叶动几下，不会伤及树干。

僵硬会让你受伤。僵硬就是不灵活，不能随着事件的发展而变化。就像你听一个朋友讲她的合作伙伴对她不好，她信誓旦旦地说要放弃合作，但后来她改变主意了，还想和那个人继续合作。而你对此的意见卡在最初，并为此指责她："你怎么变了呢？你不是说要和那个人分开吗？怎么还继续合作呢？我以后怎么再信任你呢？"

这就是一个僵化的状态。在这个时候，我们需要看到自己呈现了这样的应对方式，同时，也要试着改变这种困境。

我们需要理解的是，风吹过来的力量，加上压制和反抗的力量，给我们带来了双重压力，很容易让人受伤。如果用灵活的维度来思考，我们就有机会看到，我们不是为了外面的谁而改变，而是为了扩充自己的空间而改变。在这个例子中，朋友有她的想法、她的决定，这是她作为一个人的自由和权利。你也可以有你的想法，你的想法也是值得尊重的自由意志。

你怎样看待别人？你觉得别人是在表达他的意见还是在压迫你？感到敌意，就会防御；感到安全，就会柔软。当我们感到敌意的时候，要问问自己："他是真的要伤害我吗？"**你若允许别人成为别人，你也就可以成为你自己**。我建议你多交跨界的朋友，尝试一些新事物，这对拓宽视野以及理解他人、理解生命很有帮助。

第三步，让自己变得坚定。

不稳定的内心是容易变化的。察觉到心动、神动时，你可以通过呼吸把自己带回当下。在感到混乱的时候，让注意力回到当下，此时此地的一切都可以帮助你区分幻想与现实。"你在哪里？看到什么颜色？听到什么声音？闻到什么气味？"这些都能够帮助你稳定下来。

你还可以从内心唤起对生命的虔诚，相信自己目前所经历的就是本身要经历的，所以去经历就好。

用这个方式可以减少评判，也减少妄念。**过去已不可及，未来不可期，只有当下，存在于每一个瞬间。你只需要去经历。**既然已经无法逃脱，就带上你的勇气去迎接吧。

坚定是一种笃定的状态，是你对自己的信任。从更深层面看，我觉得它是一种非常有气魄的看见和支撑，是一种生命的信仰，是对未来的希望，是对即将经历的坎坷的从容。

借由坚定，你可以坚信你的生命是独一无二的，坚信你值得人生这场历练，坚信黑夜过后会有光明，坚信你的良善、你的热情、你对自由的争取与守护。

请拥有你自己的印记，发展你对世界的看法和理解。多去思考，从经历中学习，从故事里学习。当我们看到有人做出不合理的行为时，我们的内在会告诉我们，我们不应该这样做。

你的感觉会告诉你，你真正的心之所向。

外在的一切，都可以是我们的资源，我们从中寻找最适合自己的，然后坚定地扎根，深入泥土。

第四步，让自己变得深刻。

试着用细腻的方式与周围的一切发生连接，当下的每一个瞬间，都可以成就永恒的感受。

用心吃一碗饭，体会每一粒米的香甜。

用心看一片叶子，观察它的样子、颜色，欣赏它随风摇动的婀娜。

用心听一首音乐，品味它的旋律、节奏以及你想到的故事。

用心画一幅画，注意色彩、形状以及它的内涵。

用心陪伴最喜欢的朋友，一起散步，在静谧的时光里，分享困惑与秘密。

用心陪伴孩子一段时光，一起做游戏，在难得的时光中，眼里有情，心中有爱。

用心对待自己的痛苦、悲伤与恐惧，与它们在一起，就像和老朋友在一起，不吵不闹，只是拥抱它们，让它们知道，你跟它们同在。

用心享受你的快乐，尽情撒欢，你的用心，会带你走向深刻。

想要全方位地扎根，你可以去连接周围的一切，你的家人、朋友、同事，你拥有的物品、喜欢做的事情，你身边的环境等。用开放的态度对待身边的资源，你的自由在于你可以选择你需要的。当你连接上它们时，那个叫作深刻的东西就出现了。慢慢累积，慢慢沉淀，这是深入理解最好的途径。

深刻的连接，便是深刻的扎根。这深刻的质感是迷人的、深情的，也是隽永的。

第五步，让自己重新生长。

重新生长意味着原来的模式会渐渐被新的模式替代，意味着希望，意味着力量。

你总要给自己机会去尝试，不试怎么知道行不行呢？人生很长也很短，活得勇敢一些。那些你一直想要做而没有做的事情，找机会去做；那些你一直想要说却没有说出口的话，找机会去说；那些你一直想爱却没办法表达爱的人，找机会去表达。

人生很长也很短，活得勇敢一些，不要惧怕自己的攻击性，你要在自己的土地绽放自己的花。你当然需要被好好照料，但同时你也需要铠甲。把你的攻击性当作你的铠甲，它可以随你的需求而变，可以在关键时刻护你周全，也可以在风雨来临时为你遮风挡雨。

在你擅长且喜欢的地方深耕，体会人生的快乐与幸福，去工作，去拼搏，去享受世间美食、美物的滋养。深深扎根，你终将盛情绽放，活得安全而稳定。

练 习

这次练习会提到享受美食、美物等物质世界的滋养。当你有一个独立稳定的自我时，你就能随时随地发现资源，得到滋养。

这次我们做一个不一样的练习——扎根练习。它能帮助我们拥有一个扎实稳定的自我。

和往常一样，准备好安静的空间和 15~30 分钟不受打扰的时间。

在这个地方，你可以闭上眼睛，让自己的身体放松下来，深呼吸可以帮助你做到这一点。觉察自己的念头，如果出现了，允许它存在，不做任何评判。

当你放松下来时，我们再次邀请那束光来到你身边，你可以从它这里得到更多的呵护与滋养。在光的陪伴下，想象你是一棵树，与大地紧紧地连接在一起，你被支撑着，被保护着，你的根深深地扎进泥土里，同时还有一股力量帮助你往下扎根。

你会继续生长，枝繁叶茂，和周围的世界有更多的连接。

慢慢体会这样的感受。慢慢睁开眼睛。

现在我邀请你站起来，双脚像树根一样，稳稳地立在大地上，向下给予力量，体会与大地的连接。伸出你的双臂，向周围伸展，向周围扎根。想象狂风到来，你的身体随风摇摆，但是你依然立在土里，慢慢地，慢慢地，风停了之后，你依然稳稳地扎根大地。

记住这些感觉，把它写下来，安静地用心体会你的文字。

这个方式可以帮助你比较直观地体验扎根的感觉。你可以经常做这样的练习。

结语

讨好不是错，愿你给自己爱和宽容

我想问大家一些问题，此刻你的内在在体验什么？请深呼吸，放松自己的身体，允许你的感受浮现。你可能觉得焦虑，可能觉得充实，可能觉得无奈，可能觉得满足，可能觉得平静……有没有发现，当你慢慢聚焦在当下时，你就能感受到自己的力量。

慢，让我们有机会内观自己，有空间让被忽略的情感浮现，这是相当重要的部分。

具有讨好型人格的人很像一个勤恳的奔跑者，却没有终点，一直在奔跑。当我们把精力都投入忙碌的生活时，就没有空间来真正面对情绪了。

问题是，不是你不面对，情绪就不存在了。它们在积蓄力量，不断呼唤你的注意。如果没有被照看到，它们就会不断发酵，变成反向的力量，在特别的时刻，造成破坏。不如给自己创造一个空间，允许这些感受存在。

讨好行为的背后有太多被压抑的恐惧、悲伤与愤怒。就像武志红老师所说："当你看见这些情绪，并且照管它、允许它时，它就会变得柔软和流动，成为一种白色生命力，进而发展为创造力；当这些情绪不被照见时，它会变得僵硬、停滞，成为黑色生命力，进而发展为攻击性行为。"

深入触碰自己的情绪，是疗愈的第一步。当你看见情绪的那一刻，你就有了疗愈的空间。

在本书第一部分，我谈到了 5 组与讨好相关的情绪感受，透过深入且细腻的描述、案例解析，给大家呈现情绪的 5 个维度。

它们分别是**焦虑与恐惧、羞耻与委屈、愤怒与内疚、悲伤与无力、孤独与空虚。**

这 5 组情绪是从具有讨好型人格的人身上总结提取出来的，它们是最让人疼痛也最困扰讨好者的感受。

在过去的生命里，**当讨好者困顿、迷茫、颓废时，别人一句理解的话总能让他感到安慰，让他感到这个世界还有一些希望。**

如果没有理解，他就失去了连接，就会非常孤独。那些一直在痛却难以言说的情感在蠢蠢欲动，在寻求关注。

在我的书《你的善良，也许只是软弱》中有很多对情感的描述。一个朋友看了这本书后，向我反馈："很感慨，有一个人可以把一直萦绕于心的那些朦胧的感觉描述得那么真实、贴合、具体。谢谢你，这些分享对我而言很珍贵，也让我不那么孤独了。"

这个反馈对我而言同样珍贵。从空间上讲，我们不在一起，但我们深深地感受到彼此。有人理解，是件特别珍贵的事。

我把我的感受表达出来，也许我们会在彼此心里某个幽暗的拐角相遇，这是很美好的事。美好会让我们感觉到温暖，也让我们的内心世界更有希望。

在本书第二部分，我提到 5 组思维逻辑，分别与恐惧、羞耻、内疚、无力以及空虚相关。

与恐惧相关的是**迎合与顺从：我害怕你**。如果能让你高兴，**我就是可爱的，我会安全**。

与羞耻相关的是**进入与逃离：我不能靠近你**。如果我靠近你，**你就会讨厌我**；如果你远离我，**我就很没有价值感**。

与内疚相关的是**付出与补偿：我伤害了你**。如果我对你付出，**你就会给我爱**；如果我补偿你，**你就会喜欢我**。

与无力相关的是**失去与获得：我不能拒绝。如果我拒绝了你，我就会被抛弃。**

与空虚相关的是**存在与消失：我不能没有你。如果我们不分开，我就永远不会孤独。**

在这部分，我细致地讨论了幻想以及幻想导致的行动。搞清楚它们，我们就能看清自己在这段关系模式中到底扮演了什么角色。

至于幻想，我要说的是，它不是一个能用好和坏来定义的东西，它就是人类心理发展的内在机制而已。幻想顽固而迷人，让人又爱又恨。爱的是，在孩子们的幻想中，只要自己足够好，父母就会喜欢自己；恨的是，随着渐渐长大，人们越来越清楚，很多事情不是这样的。

但是，想明白不代表我们的行为模式会发生改变。觉察，只是改变的第一步，我们还需要不断成长。父母爱不爱你，不是你所能控制的。如果父母爱你，那最好；可若父母不像你想象的那般爱你，甚至可能不爱你，要怎么办呢？我们当然还是有选择的。

这就来到了第三部分，改变与疗愈。在这里，我和大家分享了我的思路、方法、鼓励、支持。我把这一部分称为力量篇。

我谈了 7 种力量：**决定的力量、方法的力量、界限的力量、**

爱与支持的力量、陪伴的力量、哀悼的力量、扎根的力量。

这些力量的核心是帮助自己构建一个稳定、平衡的自我。

讨好者之所以把力量寄托在别人身上，是因为自身力量不足。所以，对讨好者而言，一个非常重要的学习部分就是加强自我力量，但这需要一个过程。习惯了原来的模式后，要换一个新的模式是相当不容易的。

我们需要做一些心理上的准备，这需要决定和方法的力量。如果没有下定决心，后面的一切都是空谈。这就像立目标，清晰的目标能给我们方向和希望。如果一个讨好者把目标设定为改变别人，那么结果当然会让其深感挫败。方向正确很重要，也很必要。

界限的力量可以帮助讨好者区分人与我、人与世界的边界。这相当重要。如果没有边界，一个人就无法建立自己的王国。我们需要清楚地知道自己的边界在哪里、他人的边界在哪里、我们怎么与他人相处。

支持与陪伴是关于爱的力量，这个力量温柔、有耐心，并且深厚慈悲。除了深深地理解自己，我还建议你发展其他关系，创建更多的连接通道。当我们能从身边的资源里得到帮助、支持时，就会感觉自己更有力量。

哀悼与扎根是创造的力量。丧失的一切让我们悲痛，而在我们的一生中，会不断地经历各种丧失，但我们并未与每一次丧失好好告别。丧失也是一种对生命的创造，哀悼、诉说、表达会帮助我们离开伤心的地方，回到当下。

当我们来到当下，在当下扎根，发芽，生命就会枝繁叶茂。在不断创造中，我们开始有能力抵御风险，并在生命里创造更多可能。

说了这么多，很重要的一点就是行动。**如果没有行动，我们就会被困在那里，永远没有将来。**当然，继续停留、付出、盼望、伤心、愤怒也是可以的，这也是一种选择。我相信，人们会为自己做当下最合适的选择。选择没有好坏之分，选择什么承担什么，就可以了。一个人对自己生命所做的任何努力，都值得被尊重。

我们还可以从现在开始，把用力的方向指向自己。

讨好者最不爱干的事情就是宠爱自己。讨好者内心有一个羞愧的小孩，他长时间缩在黑暗的角落，怕被看不起，怕被不喜欢、不接纳。而这个羞愧的小孩却是讨好者的一部分。不停攻击自己"该死，太肮脏了，太可恶了，太自私了"是多么残酷的事情！这个小孩已经这么难受了，攻击只会让他退缩，让他更加羞耻、更加恐惧。攻击除了满足贬低者泄愤的快感，实在没有别的好处。

如果我们内心的某一部分认同父母的苛责、暴力，我们就会变得像他们一样，批评自己的羞愧，指责自己的无能为力。其实，羞愧、无能为力都是自己的一部分，我们不妨尝试给它们一些空间，允许它们待在那里，允许自己就停留在当下。请停止对自己的攻击，当内心升腾起自己"不够好""不配好"的声音时，试着对自己说："停下来，不要攻击自己了。"

也许一开始你无法马上停下来，但是当你不断这样做的时候，你就可以减弱攻击对你的影响。每一种情感都有其存在的价值和意义。我们的讨好行为不应该受到批判，它也需要存在的位置和空间。

你还可以增加一些空间，发展一个宽容的自我。当我们看到自己内在这个羞愧无力的小孩时，问问他，是否可以抱抱他。如果可以，请伸出手，把这个孩子揽在怀里，就像对待婴儿一样，给他抚慰。就这样抱着他，给他安宁的关怀，静静的陪伴，全然的接纳。

这是一个经历了很多恐惧的孩子，一个非常努力的孩子，他有勇敢的灵魂。此刻，你拥抱着他，温暖自在，直到你想把他放下来。然后告诉他，你会陪着他，会经常拥抱他。

当你能够理解讨好是我们为了活下来而做的一种努力时，你就能看到讨好行为背后的脆弱、无助、渴望。讨好者只是还没有找到更好的方式来表达自己、成就自己，他们也想获得美好的生活，同样希望被看见，被知晓，被懂得。

相信我，当你对这个心中充满恐惧的小孩投以爱意时，他就会慢慢地从黑暗中走出来，和你一起在阳光下跳舞。

当我们还没有力量让内在自我和谐共处时，至少可以允许它们存在。若我们陷入偏执的混乱，我们的内在就会陷入分裂与冲突，处在不停的斗争之中。毁灭周遭世界并不能让自己成为最终的胜利者，而爱会让一切恢复平衡。

讨好，不是一种错，更不是一种罪过。

愿你有力量创造爱与宁静，愿你早日抵达内心的真实与勇敢。

愿你给自己包容和理解，愿你深深地爱自己。

练 习

现在，让我们回到最初。我提到的每一次练习，都是在为我们的接纳做铺垫。当我们深深呼吸、放慢节奏、感受自己时，就是在为自己创造允许这一切存在的空间。你们也可以经常做这样的练习。

最后再邀请那束光来到你的面前，温暖你，陪伴你。这束光有着神奇的力量，你可以决定它的温度、亮度和色彩，直到你感觉舒服自在。这束光已经陪伴了你这么久，它就是你的伙伴、你内心的力量。现在的你对它已经很熟悉了，在以后的时间里，这束光仍然会陪伴你，在你需要的时刻，它会听从你的召唤，带给你希望和爱。

再次邀请你进入内心的安全基地，在这一个月的时间里，它一直守护着你，给你最深的陪伴和滋养。带着这个被爱的感觉，回想走过的这 30 天，你经历了什么，现在的你与刚打开这本书的你，有什么不一样吗？

让我们来为当下的自己写一首诗，你可以采用对话的形式，也可以采用叙事的形式，以及任何你觉得喜欢的形式。记住不去评判，只是去写，深情地与自己对话。

这首诗，是我们送给自己的一份成长礼物。这是你用心对待自己的时刻，把这些放进你的心，带着它，立在当下，走向未来。

亲爱的你们，亲爱的我们，感谢这么长时间相互深情的陪伴，说再见是有点舍不得，但我知道大家一定会在各自的成长道路上一直走下去。愿彼此深爱，一起往前。

参考文献

［1］西格蒙德·弗洛伊德. 弗洛伊德文集：珍藏版（全十二册）[M]. 车文博，译. 北京：九州出版社，2014.

［2］施琪嘉. 心理治疗理论与实践 [M]. 北京：中国医药科技出版社，2006.

［3］David J William. 心理治疗中的依恋——从养育到治愈，从理论到实践 [M]. 巴彤，李斌彬，施以德，杨希洁，译. 北京：中国轻工业出版社，2014.

［4］布莱克曼. 心灵的面具：101 种心理防御 [M]. 毛文娟，王韶宇，译. 上海：华东师范大学出版社，2011.

［5］奥利弗·詹姆斯. 原生家庭生存指南：如何摆脱非正常家庭环境的影响 [M]. 康洁，译. 南昌：江西人民出版社，

［6］西格蒙德·弗洛伊德. 梦的解析 [M].方厚升，译. 杭州：
浙江文艺出版社，2016.

［7］哈利特·巴塞基，保拉·艾尔曼，南希·古德曼. 生
与死的战斗：与施受虐的对抗 [M].李光芸，蓝薇，童
俊，译. 北京：世界图书出版社，2017.

［8］梅兰妮·克莱因. 爱、罪疚与修复 [M].杜哲，译. 北
京：九州出版社，2018.

［9］克里希那南达，阿曼娜.拥抱你的内在小孩 [M].方志
华，李淑娟，等译. 桂林：漓江出版社，2017.